深地国家科技重大专项"国家矿产资源安全监测预警与应急保障场景系统建设"(2024ZD1002006)
资助
中国地质大学(武汉)本科教学工程项目基金资助
国家自然科学基金(41971356)资助
武汉东湖新技术开发区"揭榜挂帅"项目资助
山东省科技型中小企业创新能力提升工程项目(2023TSGC0094)资助

时空大数据云平台开发实践

SHIKONG DASHUJU YUN PINGTAI KAIFA SHIJIAN

主编 郭明强 曹 威 庄 灿 崔亮亮

图书在版编目(CIP)数据

时空大数据云平台开发实践/郭明强等主编. —武汉:中国地质大学出版社,2024.12. —ISBN 978-7-5625-5937-5

Ⅰ. TP274;TP393.027

中国国家版本馆CIP数据核字第2025CQ8966号

时空大数据云平台开发实践	郭明强 曹 威 庄 灿 崔亮亮 主编
责任编辑:王 敏 选题策划:王 敏	责任校对:何澍语
出版发行:中国地质大学出版社(武汉市洪山区鲁磨路388号)	邮政编码:430074
电 话:(027)67883511 传 真:(027)67883580	E-mail:cbb@cug.edu.cn
经 销:全国新华书店	http://cugp.cug.edu.cn
开本:787毫米×1092毫米 1/16	字数:230千字 印张:9
版次:2025年1月第1版	印次:2025年1月第1次印刷
印刷:武汉市籍缘印刷厂	
ISBN 978-7-5625-5937-5	定价:48.00元

如有印装质量问题请与印刷厂联系调换

前　言

时空大数据云平台是智慧城市建设的重要基础设施,它集成了地理信息系统(GIS)、遥感技术、全球定位系统(GPS)、物联网(IoT)及云计算、人工智能等先进技术,能够采集、存储、处理海量的地理空间信息与时间序列数据,并通过分析挖掘,为用户提供时空洞察力,支撑决策制定与行动优化。

时空大数据云平台的发展可以追溯到我国数字城市阶段,发展于数字城市地理空间框架。2012年,原国家测绘地理信息局启动了智慧城市时空大数据云平台建设试点工作,标志着地理空间信息基础设施在智慧城市阶段的升级。此后,平台经历了从"时空信息云平台"到"时空大数据云平台"的演变,最终发展为"智慧城市时空大数据平台",为各个省地市政府部门城市大脑、数字孪生城市建设提供了有效可行的技术支撑。

时空大数据云平台基于海量城市时空大数据提供智能数据分析、快速数据查阅、数据资源共享和交换、数据链路监控、数据统计等共性能力。平台内置统一安全权限认证和服务集成体系,可实现城市各部门系统服务的快速集成、实时云上并行计算、容器化服务托管等能力。平台按照"统一框架、分布式可组合微服务、高可用和可扩展"的原则设计,技术架构通常包括应用层、平台层、数据层、云平台层和设施层。

时空大数据云平台在智慧城市建设中扮演着至关重要的角色,通过集成大数据处理、数据融合、云计算、高性能计算等多种先进技术,提供强大的数据处理、分析和服务能力,支撑城市的智能化管理和决策优化,为城市的规划和管理提供关键平台支撑。

笔者围绕时空大数据云平台开发需求,介绍了时空大数据云平台的基本概念、业务流程,对时空大数据云平台的关键特性、软件特性进行了总结,并对其涉及的关键技术分别进行了阐述。然后详细讲述了时空大数据云平台的组成,对其平台架构、各个子系统和工具进行了介绍,并以市级时空大数据云平台为例详细介绍了具体建设方案,为企事业单位和政府部门信息化建设提供技术参考。

参与本书编写的还有徐川、李洪利、张敏、李兵、朱建军、匡明星、赵保睿、钟静、谭敏、田一涵、彭雨芬、黄颖,在此表示感谢。

因作者水平有限,时间仓促,书中涉及的部分参考文献可能有引用缺失,敬请读者指正,作者将在修订版本中加以补正。

郭明强
2024年11月

目 录

1 绪　言 ……………………………………………………………………… (1)

2 时空大数据云平台定位 …………………………………………………… (2)

3 时空大数据云平台概述 …………………………………………………… (3)
 3.1 软件概述 ……………………………………………………………… (3)
 3.2 基本概念 ……………………………………………………………… (3)
 3.3 运行环境 ……………………………………………………………… (5)

4 时空大数据云平台业务流程 ……………………………………………… (7)
 4.1 时空汇聚 ……………………………………………………………… (7)
 4.2 统一时空标识与空间化处理 ………………………………………… (7)
 4.3 提供数据引擎、服务引擎、业务流引擎 …………………………… (8)
 4.4 提供时空信息服务 …………………………………………………… (8)
 4.5 促进应用,发挥效能 …………………………………………………… (8)

5 时空大数据云平台关键特性 ……………………………………………… (9)
 5.1 鲜活的时空数据服务 ………………………………………………… (9)
 5.2 高效的时空信息服务 ………………………………………………… (10)
 5.3 智能的时空知识服务 ………………………………………………… (11)
 5.4 面向服务的体系架构 ………………………………………………… (12)

6 时空大数据云平台软件特性 ……………………………………………… (13)
 6.1 多种部署模式 ………………………………………………………… (13)
 6.2 多种服务模式 ………………………………………………………… (13)
 6.3 多种应用模式 ………………………………………………………… (14)

7 时空大数据云平台关键技术 ·· (15)

7.1 多尺度数据联动更新技术 ·· (15)
7.2 时空信息数据融合技术 ·· (15)
7.3 矢量瓦片快速服务技术 ·· (16)
7.4 面向典型行业应用的按需出图技术 ···································· (18)
7.5 基于分布式集群和MD5算法的网络爬虫抓取挖掘技术 ··················· (19)

8 时空大数据云平台组成 ·· (21)

8.1 组件列表 ·· (21)
8.2 平台架构 ·· (21)
8.3 动态传感器数据接入软件 ·· (21)
8.4 时空数据治理工具 ·· (24)
8.5 时空数据管理系统 ·· (26)
8.6 影像数据管理工具 ·· (27)
8.7 服务管理系统 ·· (29)
8.8 时空信息云服务 ·· (30)
8.9 时空信息资源共享目录平台 ·· (33)
8.10 平台运维管理系统 ··· (33)

9 案例实践——××市智慧城市时空大数据平台 ······························· (36)

9.1 总体设计方案 ·· (36)
9.2 云环境建设 ·· (49)
9.3 时空大数据建设 ·· (54)
9.4 时空大数据平台建设 ·· (64)
9.5 典型应用示范系统建设 ·· (104)
9.6 平台运行环境建设 ·· (123)

10 系统风险及效益分析 ··· (131)

10.1 风险分析 ··· (131)
10.2 效益分析 ··· (133)

主要参考文献 ··· (134)

1 绪　言

我国高度重视智慧城市的建设,近 10 年间,中共中央、国务院、各级部委等发布了多项政策以促进智慧城市的建设。智慧城市的建设离不开时空信息框架的支撑,时空信息框架主要包含时空信息数据库和时空信息公共平台。以法定的、统一的时空信息框架为基础,整合人口、法人、经济、社会、文化等信息内容,建设时空大数据云平台,是城市信息化的必然要求。

时空大数据云平台建设有着非常重大的意义。在政府信息化建设方面,时空大数据云平台建设是政务信息化不可缺少的重要数据资源,能为城市发展提供有力的信息保障;在经济社会发展方面,时空信息数据是提高管理决策水平的重要基础;在专业信息系统方面,时空大数据云平台是建设各专业信息系统必不可少的支撑环境,可促进信息共享,减少重复建设;在社会公众服务方面,时空大数据云平台将通过现代化的网络通信技术提供导航、定位、出行等位置服务,为社会公众的生活提供便利。

2 时空大数据云平台定位

随着互联网的发展,使用数据、图表,甚至地图说话变成了一种必要的工作方式。尤其是涉及城市级、行业级的应用场景建设时,需要多个行业提供高效精准的海量数据来完成,同时也需要时间、空间等多个维度进行展示,此时需要我们对"海量数据"进行价值的重新定位。而时空大数据云平台作为描绘记录城市发展轨迹的最有效的载体,可让城市变得更为鲜活。

时空大数据云平台是智慧城市建设的信息化空间基础设施,构建基础设施服务、数据服务、平台服务、应用软件服务,对外提供各种云服务,形成时空数据接入、处理、管理、分析、服务和基于时空数据融合其他多种大数据分析与服务的完整解决方案。

在数字化转型的浪潮中,时空大数据云平台以其独特的价值,成为推动新质生产力发展的关键力量。它在智慧城市、智慧农业、环境管理、应急管理等领域的应用逐渐深化,业务应用越来越广泛。

时空大数据云平台是一个集成了地理信息系统(GIS)、遥感技术、全球定位系统(GPS)、物联网(IoT)及云计算、人工智能等先进技术的综合型平台。它不仅能够采集、存储、处理海量的地理空间信息与时间序列数据,还能通过分析挖掘,为用户提供时空洞察力,支撑决策制定与行动优化。

时空大数据云平台通过高度集成多源异构数据,运用先进的AI算法进行深度学习与模式识别,实现数据的智能解析与预测,为决策提供科学依据,这是提升生产力智能化水平的关键步骤。基于时空大数据云平台可以打破行业界限,促进信息技术与传统行业的深度融合,催生出诸如智能物流、精准农业、环境监测等新兴业态,拓宽了生产力的应用场景和效能边界。

凭借对时空数据的实时处理能力,时空大数据云平台能够即时反馈环境变化或市场动态,支持快速决策调整,优化资源配置,确保生产活动的高效运行与灵活适应性。

在政府治理、公共安全、环境保护等领域,时空大数据云平台可以通过提供开放数据接口与协同工作平台,增强社会各方面的联动协作,提升公共服务的供给效率和质量,为全社会的生产力增长注入新动力。依托于人工智能新技术,时空大数据云平台能够持续从数据反馈中学习,优化模型算法,实现算法自动迭代升级,为各类业务应用实现智能化和自动化提供平台支撑。

3 时空大数据云平台概述

3.1 软件概述

时空大数据云平台以直观表达的全覆盖全市域的精细地理信息和时相地理信息为基础,接入物联网实时传感器信息,面向多部门和用户的应用环境,按需提供各类信息服务、功能软件和开发接口。实现覆盖地上地下、室内室外的全方位立体空间,支持物联网实时动态信息的接入与展示,支持面向多部门、多用户的多类型地图产品生成,支持按需提供各类数据服务、信息服务、软件服务等,提供共享开发接口。

通过时空大数据云平台的建设,可以同时完成以下几个方面的工作。

(1)统一时空基准。时空基准是时间和地理空间维度上的基本参考依据和度量的起算数据。时空基准是经济建设、国防建设和社会发展的重要基础设施,是时空大数据在时间和空间维度上的基本依据。时间基准中日期应采用公历纪元,时间应采用北京时间。空间定位基础采用2000国家大地坐标系和1985国家高程基准。

(2)丰富时空大数据。基于各部门数据基础,对时空大数据内涵和分类进行采集、更新、梳理。形成全新的时序化的基础时空数据、公共专题数据、物联网实时感知数据、互联网在线抓取数据和根据本地特色扩展数据,完善建设遥感数据,构成智慧城市建设所需的地上地下、室内室外、虚实一体化、开放、鲜活的时空数据资源,同时整合形成涉密和非涉密两套数据体系,满足政务网和互联网用户的不同数据业务需求。

(3)提升时空服务能力。基于时空大数据体系,扩充服务资源池,通过汇聚融合、提取转换和挖掘分析,创新时空信息服务内容;完善服务发现、注册代理、鉴权认证和共享交换等机制,优化地名地址引擎和智能感知模块,扩展平台业务流程的自动化处理能力,提升时空信息服务效率和性能,满足用户对时空信息服务的需求。

(4)搭建云支撑环境。建设全市统一、共用的云支撑环境,形成时空大数据云服务能力。

(5)开展智慧应用。基于时空信息云平台的数据能力和服务能力,根据城市的特点和需求,以优政、惠民、兴业为核心,围绕政务服务、便民服务、社会治理等方面构建智慧应用。

3.2 基本概念

行业基本术语、产品基本概念见表3-1。

表 3-1 行业基本术语、产品基本概念

缩写、术语	解释
智慧城市	智慧城市是运用物联网、云计算、大数据、空间地理信息集成等新一代信息技术，促进城市规划、建设、管理和服务智慧化的新理念和新模式
时空大数据云平台	时空大数据云平台是通过泛在网络、传感设备、GIS、遥感、云计算、数据挖掘等新型高科技手段，基于大立体、全覆盖、多维度的地理信息，实时汇聚城市各种传感网动态时空信息及相关信息，形成的更透彻感知、更灵活服务、更智能决策、更安全可靠的时空信息云服务平台，是智慧城市运行的智能化时空信息载体
时空大数据	时空大数据是大数据与地理时空数据的融合，基于统一的时空基准，活动于时空中，与位置直接或间接相关的大数据。时空大数据包括时间、空间、专题属性三维信息，具有多源、海量、更新快速的综合特点
元数据（metadata）	元数据为描述数据的数据（data about data），主要是描述数据属性（property）的信息
地理实体	地理实体是地理数据库中的实体，是指在现实世界中再也不能划分为同类对象的对象。地理实体通常分为点状实体、线状实体、面状实体和体状实体，复杂的地理实体由这些类型的实体构成
空间索引	空间索引是指依据空间对象的位置和形状或空间对象之间的某种空间关系，按一定的顺序排列的一种数据结构，其中包含空间对象的概要信息，如对象的标识、外接矩形及指向空间对象实体的指针
地图服务	地图服务是为了实现空间数据共享与互操作，提供符合 OGC 规范的国际标准访问接口，是一种利用服务器使地图可通过 Web 进行访问的数据资源。常用的地图服务有 WMS、WFS、WCS、WMTS 等
地名地址服务	地名地址服务是通过在标准的地名地址数据库的支持下，基于 Web 服务的方式实现地名地址数据共享，通过提供标准化的服务接口，为应用提供地址匹配、逆地址匹配和批量匹配等功能
矢量瓦片服务	矢量瓦片服务是将用于传输的矢量数据切分成小的数据单元进行传输，每个数据单元只包含一定范围内的要素信息，瓦片记录的是用于绘制的数据，而不是已经绘制出的固定样式图片。将矢量数据预先切分成数据单元，可以使数据的请求和传输变得更加高效，可以在客户端进行更快、更灵活的渲染
全要素查询服务	全要素查询服务提供对人、房、地、物、事等要素的查询服务，是基于时空大数据时空语义索引的全要素查询服务
微服务	微服务是指提供单个业务功能的服务，从技术角度看就是一种小而独立的处理过程，类似进程概念，能够自行单独启动或销毁，可以拥有自己独立的数据库

续表 3-1

缩写、术语	解释
负载均衡 (load balance)	负载均衡,其意思就是分摊到多个操作单元上进行执行,例如 Web 服务器、FTP 服务器、企业关键应用服务器和其他关键任务服务器等,从而共同完成工作任务
多维传感器	多维传感器是指集视频、温度、湿度等多种传感器于一体的设备
地理全要素	地理全要素是指全方位、全过程现实世界中描述具有共同性质的自然或人工地物
时空全要素检索	时空全要素检索提供对人、房、地、物、事等要素的检索,是基于时空大数据时空语义索引的全要素检索服务
搜索服务器 (Elasticsearch)	Elasticsearch 是一个基于 Lucene 的搜索服务器。它提供了一个分布式多用户能力的全文搜索引擎,基于 RESTful Web 接口。它可以快速地存储、搜索和分析海量数据
中央认证服务 (CAS)	CAS 是 central authentication service 的缩写,中央认证服务,一种独立开放指令协议。CAS 是耶鲁大学发起的一个开源项目,旨在为 Web 应用系统提供一种可靠的单点登录方法。CAS 在 2004 年 12 月正式成为 JA-SIG 的一个项目
自然资源	自然资源广泛存在于自然界并能为人类利用。它们是人类生存的重要基础,是人类生产生活所需的物质和能量的来源,是生产布局的重要条件和场所。自然资源可分为可再生资源、可更新自然资源和不可再生资源。自然资源具有可用性、整体性、变化性、空间分布不均匀性和区域性等特点。自然资源可划分为生物资源、农业资源、森林资源、国土资源、矿产资源、海洋资源、气候气象资源、水资源等

3.3 运行环境

3.3.1 软件环境

平台软件环境主要包括操作系统、虚拟化软件、数据库服务器、网络服务发布组件、基础支撑组件、GIS 支撑组件和移动端。

3.3.2 硬件环境

平台主要硬件包括服务器、云存储设施、网络设备、网络带宽和安全设备,存储设备和并发访问需求弹性扩展(图 3-1)。

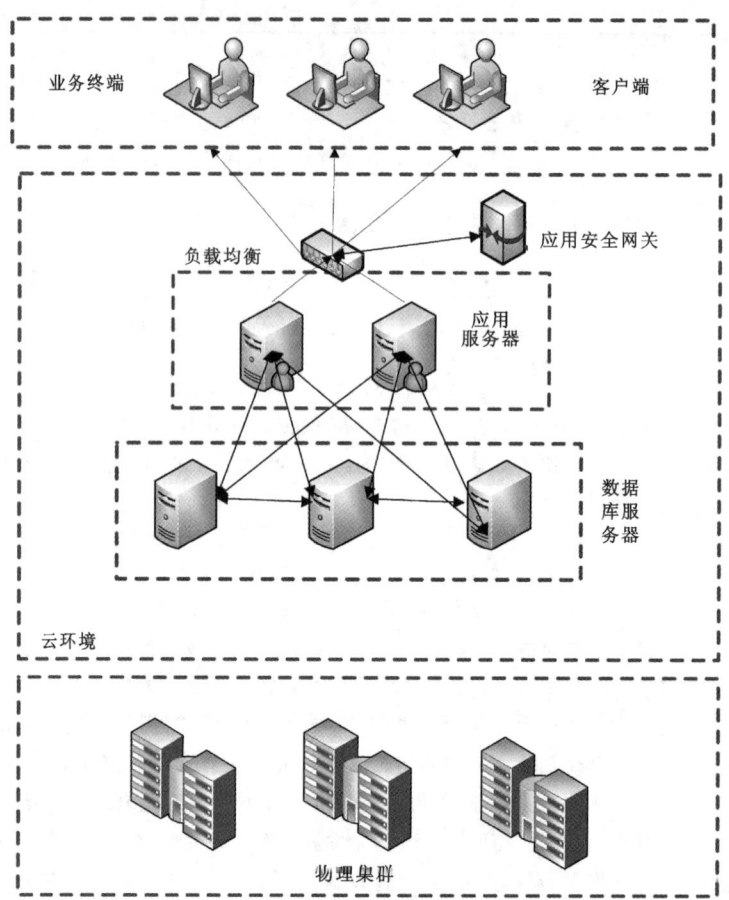

图 3-1 平台基础环境物理架构图

4 时空大数据云平台业务流程

时空大数据云平台业务流程主要有以下重要节点。

4.1 时空汇聚

时空大数据云平台数据来源主要有3类。

(1)在自然资源体系内部时空数据生产体系,通过常规数据更新、数据入库等方式,是实现平台基础时空数据更新的主要途径。

(2)依托共享交换体系实现多部门异构异源数据的共享接入,是丰富时空信息数据和资源业务数据的主要途径,这些数据以在线接入、离线拷贝接入等方式将数据接入时空大数据云平台中。

(3)利用城市丰富的物联网,通过网络传输实时获取视频、传感器等动态数据,并在流式云计算框架的支撑下,对实时接入的动态数据进行接入、处理和存储。

总体来说,对于基础时空数据,定期从自然资源相关部门分级分类后可共享的数据内容中离线拷贝;对于人口、法人、宏观经济等公共专题数据,通常源于部门之间的信息共享;对于智能感知的基础时空数据,依照国家相关保密规定,在线或离线共享,行业专题可共享的实时数据,通过有线或无线网络接入;对于互联网在线抓取的数据,面向任务需求实时动态抓取,确有必要时,经时空序化后动态追加至时空大数据。时空大数据云平台在数据汇聚,包括动态数据接入管理、融合和数据管理系统的协作处理下,建立时空数据库,存储时空数据成果。

4.2 统一时空标识与空间化处理

对矢量数据、影像、高程模型、地理实体、地名地址、三维模型、新型测绘产品和感知及抓取数据等形式进行时空标识,即注入时间、空间和属性"三域"标识。时间标识注记该数据的时效性,空间标识注记空间特性,属性标识注记隶属的领域、行业、主题等内容,以方便后续的时空大数据的整理和序化。对结构化、非结构化的时空大数据,序化前的处理工作包括统一格式、一致性处理和空间化。

4.3 提供数据引擎、服务引擎、业务流引擎

数据引擎针对基础时空数据、公共专题数据、物联网实时感知数据、互联网在线抓取数据进行抽取、融合、处理、分析，形成平台数据服务。建立全空间信息模型，实现地上地下、室内室外、虚实一体化、开放、鲜活的时空大数据一体化管理，克服非关系数据库存储时空大数据存在的存储与访问的效率低下，难以满足高并发、大数据量下的实时性要求问题，充分发挥非关系数据库的性能优势。支撑云平台，帮助用户在线调用时空大数据中的数据。

服务引擎以灵活的方式成为服务彼此通信和转换的连接中枢，并且这种连接与开发环境、编程语言、编程模型或者消息格式具有支撑在线调用现有服务和知识，实现将其他资源上传、注册与发布等功能。

业务流引擎将业务流程化，按照逻辑和规则以恰当的模型进行表示并对其实施计算，实现工作业务的自动化处理能力。提供一套完整的工作流引擎机制，实现可视化的流程设计器、任务分发和签审、流程自动流转、工作流跟踪监控和查询追溯。

4.4 提供时空信息服务

依托云中心的服务资源池、服务引擎、业务流引擎、地名地址引擎和知识引擎提供的时空信息服务，面向不同场景用户进行统一发布和展示。通过数据服务、功能服务、接口服务和计算存储服务等各类时空信息服务，来满足社会公众、行业部门等各类用户的需求。

4.5 促进应用，发挥效能

依托时空大数据云平台，在智能感知、自动解译、无线通信等新一代信息技术的支撑下，在自然资源管理、警用平台、防灾减灾、公共安全、市场监管、旅游服务等重点领域和行业，海绵城市、地下管廊、信息惠民等重大工程，以及智慧交通、智慧社区等民生方面，开展示范应用。切实发挥时空大数据云平台基础性作用，推进建设成果广泛应用，支撑履行自然资源管理"两统一"职责，推进城市治理体系和治理能力现代化，促进城市高质量发展。

5 时空大数据云平台关键特性

5.1 鲜活的时空数据服务

时空数据服务指时空信息云服务平台中物联网实时动态数据接入节点和基础时空数据、各类部门业务应用数据等的数据服务,可实现物联网传感器时空信息的实时接入、清洗、时空基准统一、时空关联、多源异构数据关联整合等功能,形成网络在线数据服务(图5-1、图5-2)。

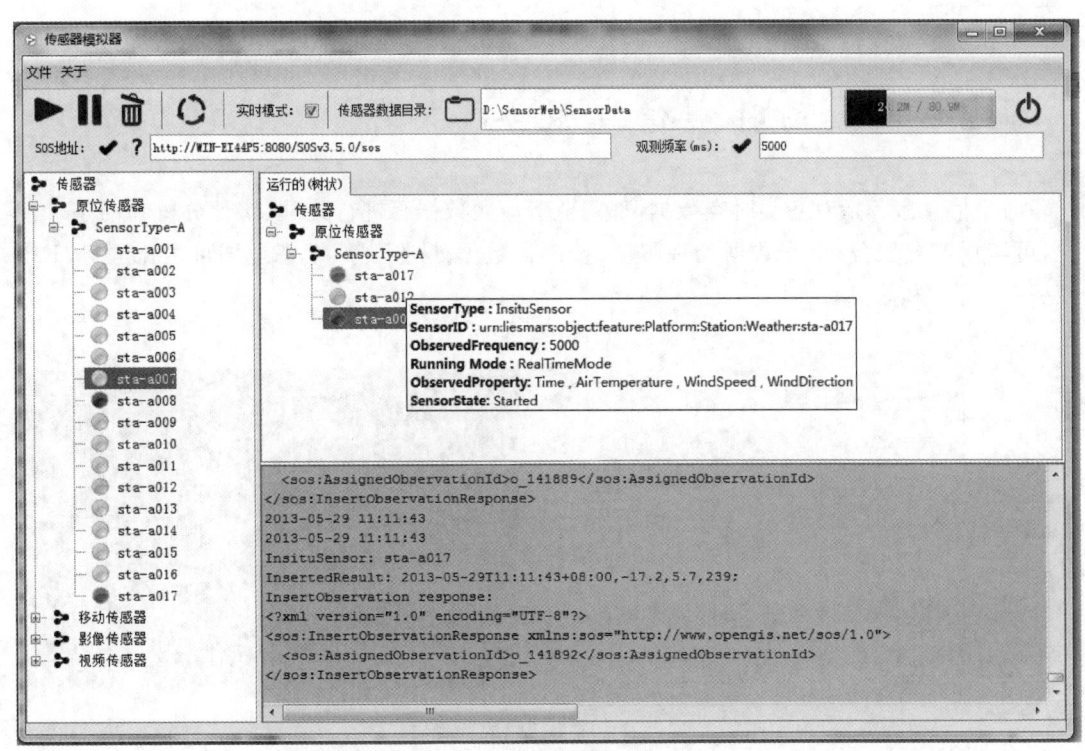

图 5-1 时空数据服务系统——传感器数据等实时动态数据的处理和服务

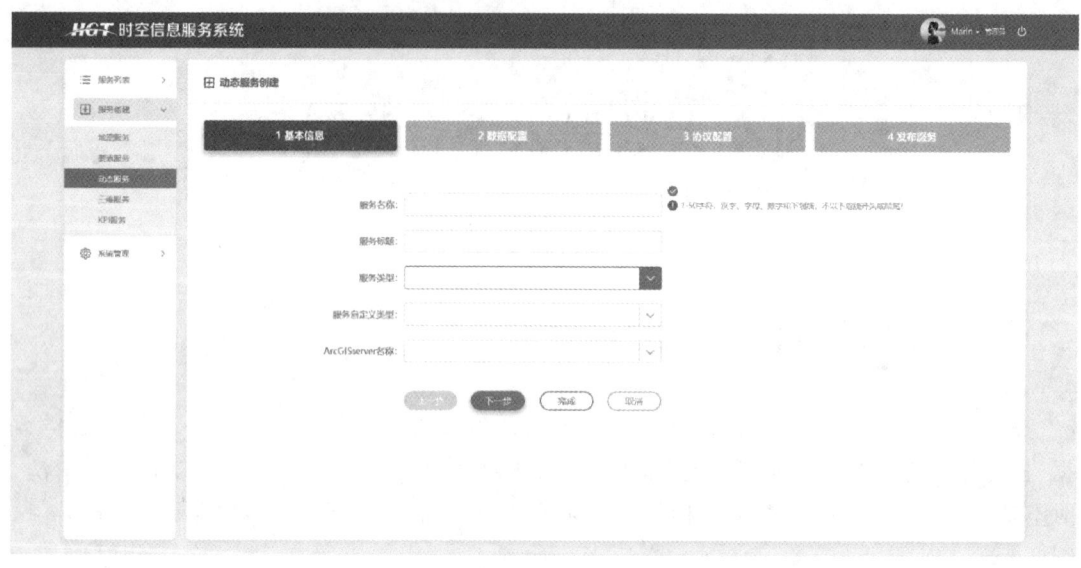

图 5-2 时空数据服务系统——服务的创建与发布

5.2 高效的时空信息服务

时空信息服务指对各类时空数据、部门业务应用数据等进行处理、统计分析和动态可视化，可实现位置服务、空间数据处理服务、传感器数据处理服务、动态地图可视化服务、KPI服务等功能（图5-3）。

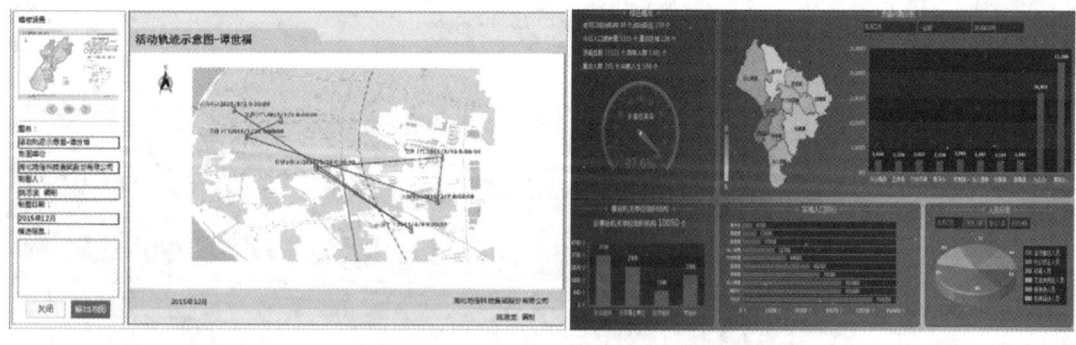

图 5-3 时空信息服务界面

5.3 智能的时空知识服务

知识服务系统指对时空数据库提供的海量数据进行去粗取精、去伪存真等科学处理,从全面、及时和准确的信息中分析比对、提炼、权衡决策支持方案,提供智能的知识服务(图5-4、图5-5)。智能的时空知识服务可实现智能组装、模拟分析、辅助决策等功能。

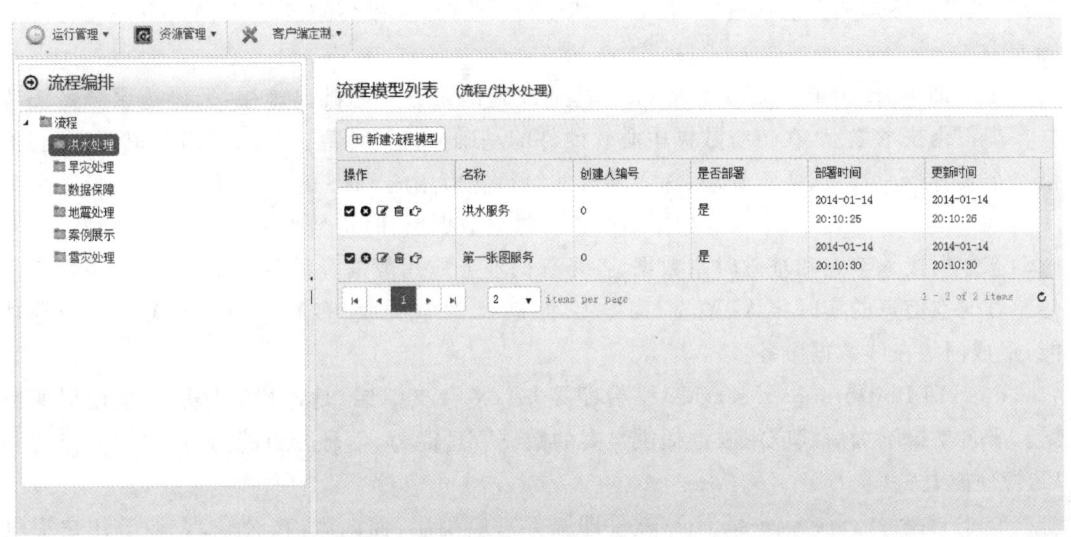

图5-4 时空知识服务系统(一)

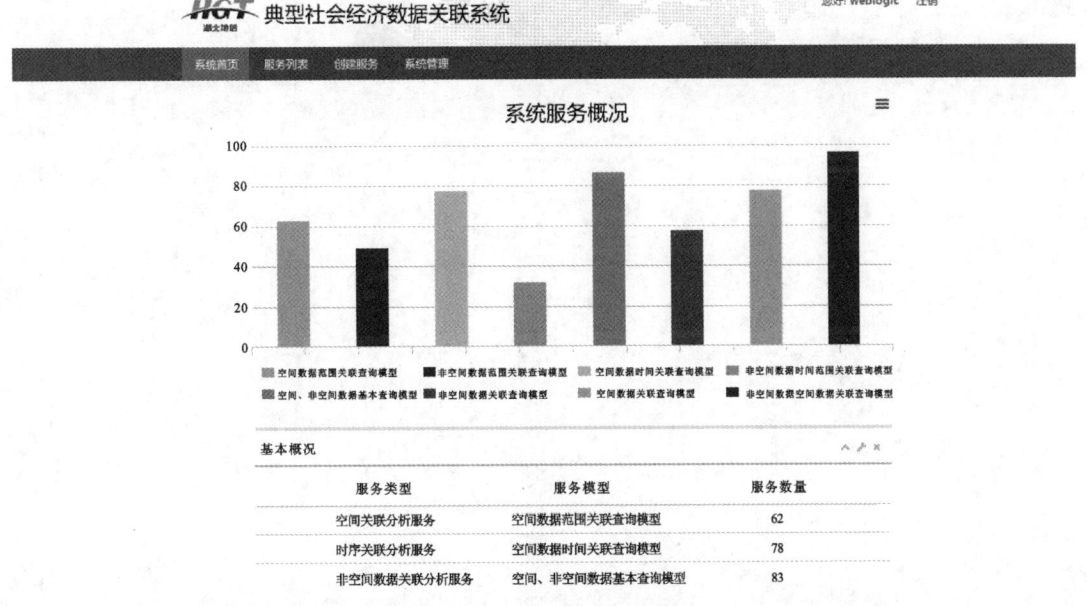

图5-5 时空知识服务系统(二)

5.4 面向服务的体系架构

时空大数据云平台总体架构自底而上,包括感知层、基础设施层、时空数据层、平台支撑层、应用层4个层次,同时建立了支撑时空大数据云平台相关的标准规范和信息安全体系。

感知层:是时空大数据平台的数据来源,通过各种不同类型的传感器设备获取多源异构数据,提供的感知能力包括遥感、北斗、GPS、视频监控、多维传感器等天、地、空一体化的感知能力。

IaaS 即 Infrastructure-as-a-service(基础设施即服务),基础设施层:云设施服务系统建立在虚拟化技术之上,在传统数据中心软硬件的基础上将其计算、存储、网络等资源池化,提供一个具有行业特色、便于管理、深入结合测绘行业应用的 IaaS 解决方案。

DaaS 即 Data-as-a-service(数据即服务),时空数据层:时空数据服务系统实现物联网实时动态数据接入节点和基础时空数据、各类部门业务应用数据等的数据服务,可实现物联网传感器时空信息的实时接入、清洗、时空基准统一、时空关联、多源异构数据关联整合等功能,形成网络在线数据服务。

PaaS 即 Platform-as-a-service(平台即服务),平台支撑层:是连接数据层与应用层的桥梁。平台支撑层为后续应用服务提供强大的数据管理能力、信息分析能力、接口服务能力和IT管理能力。

SaaS 即 Software-as-a-service(软件即服务),应用层:面向政府、公众、企业等用户提供不同的应用支持,调用平台层所提供的数据服务和功能开发接口,建立面向不同应用领域的应用模型。用户通过浏览器,就能直接使用在云端上运行的应用,而不需要顾及类似安装等琐事。

6 时空大数据云平台软件特性

6.1 多种部署模式

6.1.1 完整性部署

部署私有基础设施云环境,在私有云环境中启动服务部署编排软件,构建虚拟化网络与硬件环境,利用编排软件启动各类服务。

6.1.2 适应性部署

基于第三方提供的完整的基础设施层,平台可进行适应性部署,提供具有自适应能力的服务部署编排软件,根据云环境参数,配置服务部署编排软件,构建虚拟化网络和硬件环境,利用编排软件启动各类服务。

6.2 多种服务模式

6.2.1 直接应用模式

用户通过服务中心浏览平台,可直接使用空间数据查询、政务数据搜索引擎等平台功能。

6.2.2 组装定制模式

平台提供模板定制、工作流程自定义、数据格式自定制等功能,用户可选择需要的应用模板,应用业务流引擎自定义工作流程,结合业务需求组装形成定制化应用平台。

6.2.3 服务接口模式

提供平台 SDK 与服务接口,平台封装服务接口,并提供不同参数的服务 API(应用程序接口)地址、接口参数说明和调用方式等给第三方应用。

6.2.4　二次开发模式

提供平台二次开发包,提供开发、测试平台,用户可以根据二次开发包中提供的公开的API来访问平台功能,并根据这些基本功能组合扩展进而形成新的功能以完成用户特定的需求。

6.3　多种应用模式

时空大数据云平台支持多种应用模式。
(1)平台作为独立软件产品销售。
(2)平台与行业应用结合,形成行业解决方案。
(3)为智慧城市提供多种类型的服务,支撑各个行业、政府及公共应用。

7 时空大数据云平台关键技术

7.1 多尺度数据联动更新技术

为保证多尺度空间数据库一致性快速更新,采用联动更新的关键技术。其核心内容包括对多尺度要素关联提取地理实体,并基于地理实体的变化检测和联动快速更新,进而解决数据联动更新,保障数据的时效性。

7.1.1 要素关联匹配

多尺度空间数据匹配关联的对象一般是点、线和面矢量目标,本项目针对地理要素,通过结合其几何、拓扑和语义特征,提出多种组合匹配关联方法和模型。在提取变化要素时,要完成对要素的匹配关联,研究矢量数据综合相似度,提出结合几何特征(长度、几何形状等)、拓扑特征(空间距离、空间邻近关系等)语义和特征(属性)的多特征组合的多维度矢量匹配模型和方法,从而识别或匹配时空数据库在不同时期、不同比例尺的空间要素变化情况,识别出要素的图形、属性的变化内容。提取变化信息需要完成对空间对象相似性、差异性和语义一致性的分析,包括数据处理、匹配、变化提取部分。数据处理是对匹配的不同数据统一进行规范化处理,为匹配工作奠定基础;数据匹配通过空间分析等处理,分析不同时期同类要素的几何特征相似度及空间拓扑关系,选取要素最佳的匹配对象,建立要素间匹配关系;语义匹配是在空间匹配的基础上,根据要素属性关联,进一步排查和确认同类要素的匹配关系。

7.1.2 数据变化检测和联动更新机制

在要素匹配的基础上,提取变化信息,从而发现变化区域,就可以确定地理要素的变化,最终形成一个数据变化检测和联动更新的机制。通过动态构建地理实体的方式进行多个尺度下地理要素的关联,并利用联动更新的方式对同一实体在多个尺度下进行动态更新,保证了数据的一致性。

7.2 时空信息数据融合技术

时空数据融合目标包括:①对局内部数据进行数据整合,保持数据的一致性、现势性、关联性;②对经过共享交换得到的行业专题空间数据进行数据融合,满足各行业对地理空间数据的需求;③抽取、融合基础地理信息数据和行业专题数据,形成满足公众服务的时空信息数据。

时空数据融合关键技术如下。

(1)数据融合映像模型,使用 mdb 数据库对数据标准之间的转换模型进行存储,软件根据模型自动进行融合处理。

(2)辅助数据关联,利用模糊搜索的方式,对关联数据的语义相似度和空间位置相似度进行评价,为用户提供最精确的关联信息。

(3)快速融合叠加去重,监测重复冗余的数据,并实现人工辅助判断快速去除重复数据。

(4)共享交换模板,满足行业数据需求并以软件界面的形式展现,指导用户进行数据的补充采集和录入。

7.3 矢量瓦片快速服务技术

矢量瓦片是将用于传输的矢量数据切分成小的数据单元进行传输,每个数据单元只包含一定范围内的要素信息,瓦片记录的是用于绘制的数据,而不是已经绘制出的固定样式图片。将矢量数据预先处理成矢量瓦片,可以使数据的请求和传输变得更加高效,可以在客户端进行更快、更灵活的渲染。

矢量数据主要包含要素的属性信息和位置信息。位置信息可以按点、线、面要素类型来划分。矢量瓦片按图 7-1 所示的逻辑模型进行处理,一个几何要素可能跨越多张瓦片,每一张瓦片表示一个根节点,分为点、线、面 3 个子节点,分别存储点数据、线数据和面数据,为避免数据冗余,属性信息单独以要素为单位进行统一存储。

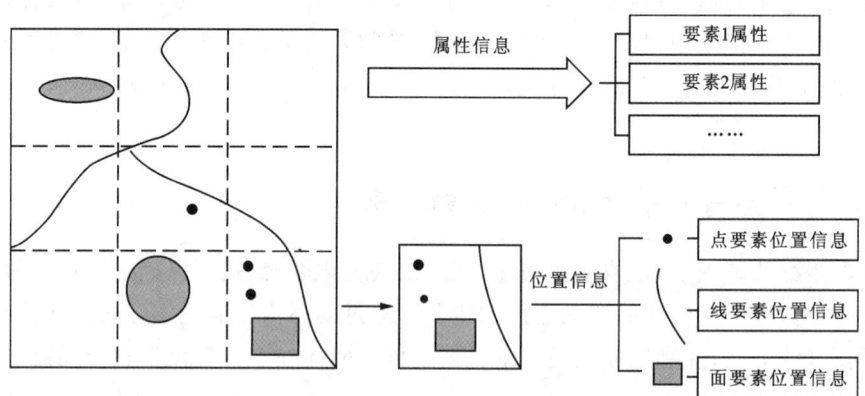

图 7-1 矢量瓦片的逻辑组织模型

矢量瓦片的物理存储模型(图 7-2)是瓦片的属性信息和位置信息在存储过程中的具体表现形式。这一过程要着重解决以下两个问题。

7 时空大数据云平台关键技术

```
瓦片及要素实体                    瓦片信息物理模型
┌─────────────┐  河流           {
│ tile1 │ tile2│  ↙              "type": "FeatureCollection",
│   ～～～～～ │                 "bbox": [100.0,0.0,105.0,1.0],
└─────────────┘                  "tileID": "tile1",
                                 "features": [
{
 "type": "Feature",                 { "type": "Feature",
 "featureID": "river",                "featureID": "point1",
 "geometry": {                        "geometry": {"type": "Point",
     "type": "LineString",            "coordinates": []
     "coordinates": [] },                }
 "properties": {                    },
  "name": "river",
  "tile": [                         {
    {"level": "1",                   "type": "Feature",
     "tile": ["tile1","tile2"]}      "featureID": "river",
         ...                         "geometry": {"type": "LineString",
    {"level": "n",                   "coordinates": []
     "tile": ["tile1",...,"tilen"]}     },
  ],                                 }
  "prop": "value",                  ]
 }                                 }
}
```

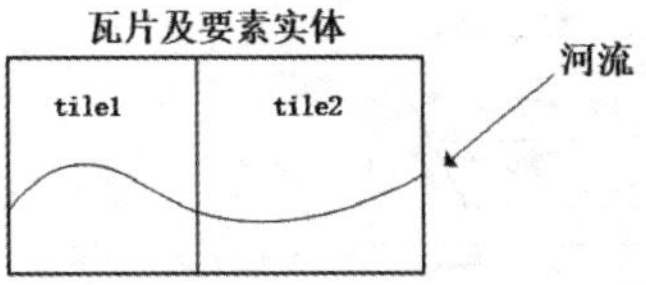

图 7 - 2 矢量瓦片的物理存储模型

第一,同一个要素有可能分布在多个瓦片中,需要建立一种映射关系,将分布在不同瓦片中的要素关联起来。在实际处理中,每幅瓦片的要素信息将只记录要素的 featureID,并与要素属性表中的要素 ID 进行关联。

第二,选择一种合适的格式进行地理信息的传输与存储。目前可用于描述地理空间对象的属性信息及位置信息的交换格式有 GML、GeoJSON 等。GeoJSON 是基于 JavaScript 对象表示法的一种数据格式,可以简洁高效地进行瓦片数据的存储和传输。

在矢量瓦片的调度方面,矢量瓦片借鉴常规的栅格瓦片金字塔的 LOD 思想,分别在横向和纵向上,使用不同的方法来调整显示细节(图 7 - 3),提高数据传输和显示的效率。

首先,在纵向上,使用矢量瓦片的分级调度策略。对于同一块区域,在不同的缩放级别上,可以按照地图中图层的类别、重要程度、长度和面积等标准进行判断,划分矢量图层或者要素显示的尺度范围,通过控制比例尺,在不同的比例尺下显示预先设定好的要素或者图层数据。

其次,在横向上,对矢量数据进行化简处理。矢量数据的化简是制图综合的基础,在考虑矢量空间对象的自相交和维护拓扑关系的一致性基础上,可以采用基于定点剔除模式的数据化简算法。该处理算法不是以图层为单位进行简化传输,而是将对矢量数据的化简降低到瓦片层面,充分考虑屏幕分辨率的因素,提高化简和传输的效率。

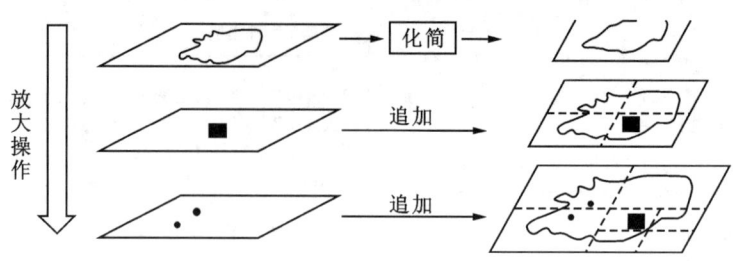

图 7-3 矢量瓦片的调整显示细节

7.4 面向典型行业应用的按需出图技术

通过探讨目前行业专题之间的差异性,发现专题地图中存在大量相同或相似的地图要素,需要对这些共同的地图要素进行统一的管理,而且在面对空间数据内容的迁移变化和数据在时间尺度上发生变化时,需要快速准确构建行业专题地图和对按需出图中的专题地图进行快速更新,基于此,采用了典型行业按需出图技术。

通过制定行业制图/出图标准、构建行业专题模板、专题地图制图服务等,实现基于要素的典型行业按需出图。

7.4.1 行业制图/出图标准

建立完整的标准化制图服务体系,包括地图表达形式标准、制图编绘规范、服务规范等,地图形式标准包括要素分类标准、符号渲染样式、注记样式。制图编绘规范包括数学基础、图幅分幅、地图格网、整饰要素、图例等。服务规范包括统一的服务调用接口、完整的制图业务逻辑。

7.4.2 构建行业专题模板

按照"专题模板"方式进行各个行业专题的构建。这里的"专题模板"分为静态模板和动态模板:静态模板指制作各专题地图所使用到的固定数据内容,可将其抽离并构建成模板;动态模板则指专题制作时使用到的详细配图方案,方案内容包括静态模板、符号库、数据推荐及符号配置策略。静态模板与动态模板能通过系统更新的方式进行后续扩展,以满足用户日益增长的专题制作需求。

7.4.3 专题地图制图服务

组织网络专题地图图面元素,积累制图模型需要的知识基础、符号基础,建立地图制图知识库,最后通过制图过程完成制图任务,形成专题地图制图服务。

7.4.4 动态信息可视化

动态表达法主要是结合计算机动画原理和计算机显示技术以动态的视觉画面来重现动态现象的变化过程。根据功能特点不同,动态表达法主要分为动态地图交互法和地图动画表示法。动态地图交互法不仅可根据动态符号的变化来反映状态发展趋势,还可以通过各种交互功能对动态显示的内容和过程进行控制,例如通过参数设置来控制动态符号的视觉变量和时间变量,选择动态显示的空间区域和时间段等。

时空大数据云平台是一个城市的全息仓库,能够按照应用需求,为行业和个人提供众多的时空信息服务与数据接口。采用上述专题地图制图技术,以提供标准、快速的地图服务为目标,在时空大数据云平台数据服务的支持下,按特定行业地图规范、时空统计模型和图册模板等,以"模型+数据"的驱动方式,构建多主题、多应用服务的时空信息出图服务。

7.5 基于分布式集群和MD5算法的网络爬虫抓取挖掘技术

大数据时代,数据是最丰富的也是最宝贵的资源,网络信息量快速增长。面对海量的数据,如何快速、精确和低成本地收集到所需数据是目前研究的热点。网络爬虫作为一种重要的数据采集手段,既是各类应用系统外部数据的来源,也是搜索引擎的重要组成部分。特别是随着数据分析技术的逐渐广泛应用,作为外部数据主要来源的网络爬虫技术已经逐渐成为数据分析类应用产品的标配。在本次项目建设中,笔者提出一种基于云平台的网络爬虫架构,寻求构建一个高性能、灵活和便捷的网络爬虫模块。其关键技术设计如下。

7.5.1 爬虫任务调度策略

本系统爬虫程序在抓取网页内容时,通过高效的正则式提取,存储网页的中文文本,清洗网页的其他无效信息,同时通过域名缓冲池技术减少爬虫抓取过程中多次访问域名造成的延时,大大提升了爬虫的效率。

为了进一步提升网页抓取的速度,系统采用分布式集群架构。爬虫程序采用具备良好扩展性的python scrapy框架,支持多线程,异步IO高并发。对于待执行的爬虫抓取任务,根据域名系统调度分配至Redis队列,由各个爬虫执行节点分别从队列中抓取任务内容,执行网络抓取任务,分布式并行地实现网站数据抓取(图7-4)。这大大提升了网站抓取的吞吐量,从而更高效、耗时更短地执行大规模的爬虫活动。

7.5.2 爬虫任务去重策略

对于爬虫程序来说,大量重复的链接将给搜索引擎带来巨大的负面影响,不但会造成索引存储的内存负担,同时将大大增加索引检索的时间消耗。因此,去重算法的选择是爬虫性能优化的关键。传统的去重算法包括散列算法、布隆过滤器及各种变形:其中散列算

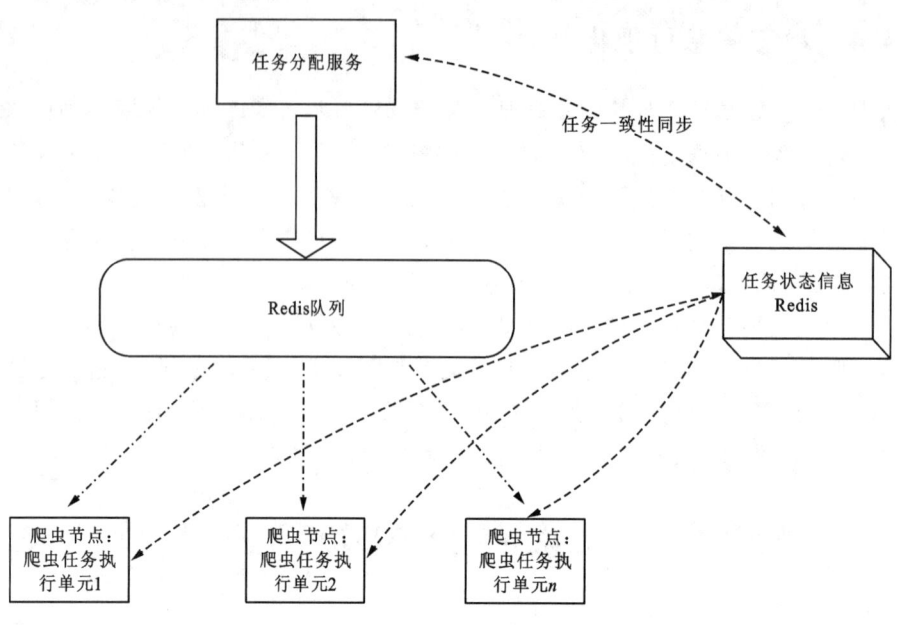

图 7-4 爬虫任务调度策略

法所需的存储空间大、检索速度慢,但错判率低,并可以对制定 URL 进行删除;布隆过滤器所需存储空间小、检索速度快,但具有一定概率产生错判,只能判断冲突,不能对制定 URL 进行删除。

由于系统在设计之初既要兼顾性能,又要兼顾其灵活性和错判率,系统采用基于 MD5 的去重算法,它通过将 URL 进行 MD5 压缩,然后构建树结构存储 MD5 值来达到去重目的。它既具有普通散列算法的低错判率$\left(16 \text{ 位 MD5 碰撞概率为} \dfrac{1}{2^{64}}\right)$,又具有树结构空间占用小、检索速度快等特点,因此基于 MD5 的去重树能在性能和错判率上取得较好的平衡,同时可以满足对指定 URL 的删除功能。

8 时空大数据云平台组成

8.1 组件列表

时空大数据云平台包含的组件有动态传感器接入软件、时空数据治理工具、时空数据管理系统、影像数据管理工具、服务管理系统、时空信息云服务、时空信息资源共享目录平台、平台运维管理系统。

8.2 平台架构

时空大数据云平台总体架构自底而上，包括感知层、基础设施层、时空数据层、平台层、应用层5个层次，同时建立了支撑时空大数据云平台相关的规范和信息安全体系(图8-1)。

8.3 动态传感器数据接入软件

动态传感器数据接入软件接入集视频、温度、颗粒物等多维传感器于一体的动态数据，通过高效快速的存储机制管理动态数据，能够通过视频、温度信息识别车辆、气温等信息，进行自动分析、预警，并基于云平台服务对多维动态数据进行可视化，使其具备多维感知能力、多维监控能力、多维管理能力。

根据城市中多层次、立体分布、标准各异的移动与静止、接触式与非接触式传感器的分类体系，基于传感器信息模型，针对特定的城市传感器信息(如视频类、GPS类传感器等)进行建模与表达，设计多协议传感器观测数据接入方法，通过标准的注册服务实现传感器及其观测的实时接入(图8-2)。它的功能如下。

8.3.1 多维传感器接入

平台将解析接入的多维传感器数据内容，并对多维传感器数据按结构化数据和非结构化数据(视频数据)进行存储，形成统一规范的存储内容。

8.3.2 多维传感器快速查询与检索

基于多维传感器数据高性能索引与存储，提供快速查询检索动态数据的服务，实现多维传感器的视频资源快速查询检索、实时位置快速查询检索、属性数据快速查询检索。

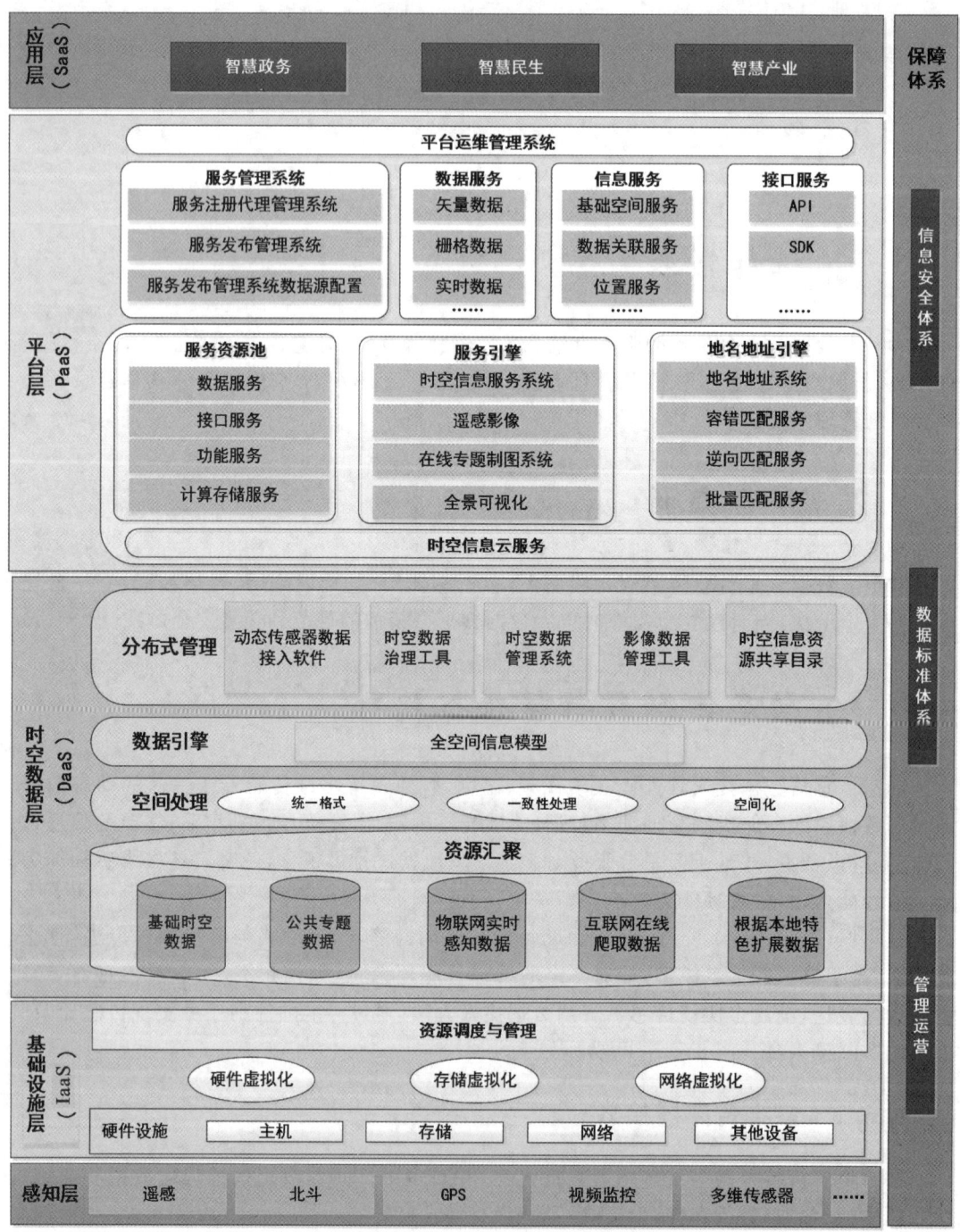

图 8-1 时空大数据云平台架构图

8 时空大数据云平台组成

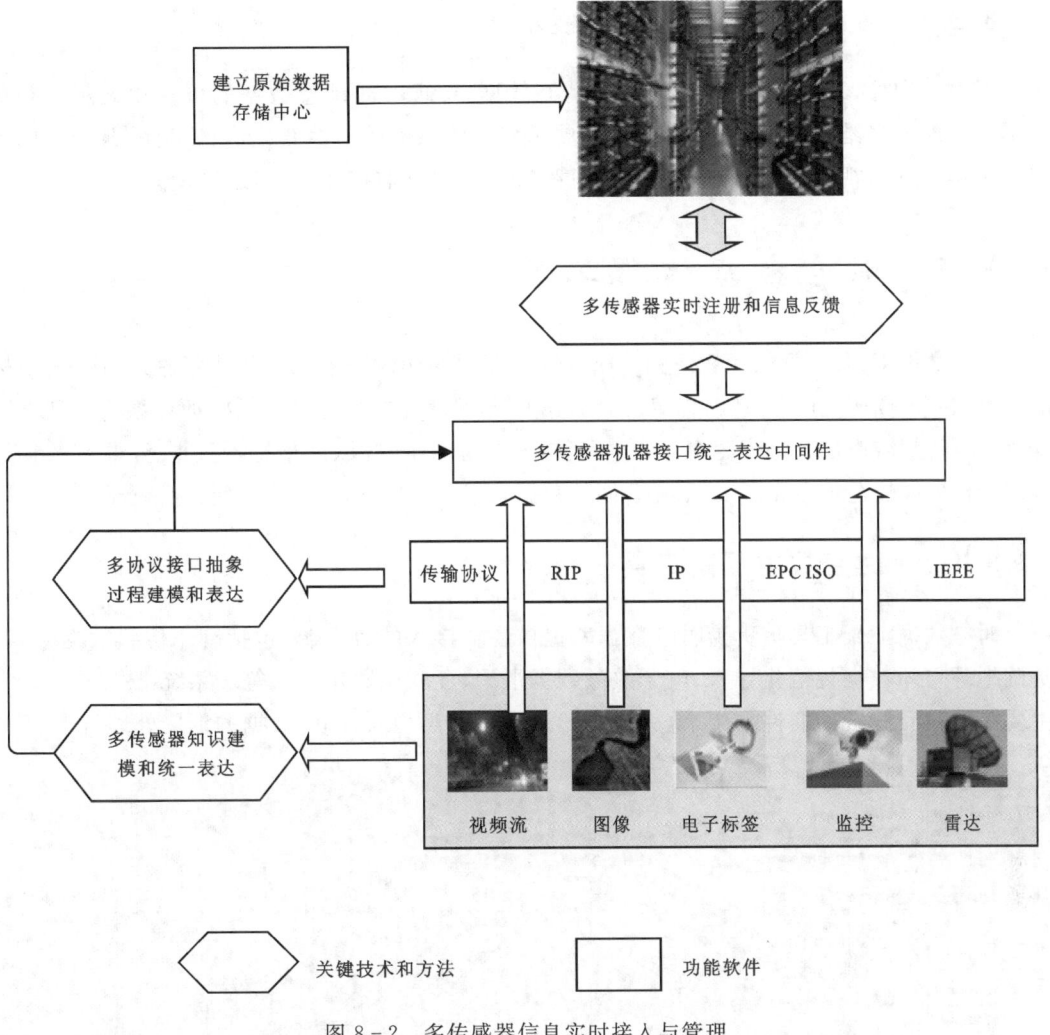

图 8-2 多传感器信息实时接入与管理

8.3.3 多维传感器数据分析

分析处理多维传感器接入的多维数据,能够对传感器数据超出正常范围进行事件预警。

8.3.4 视频图像分析处理

分析处理多维传感器接入的视频图像,能够自动识别过往车辆的车牌、颜色、车辆类型,同时支持频繁过车分析、初次进入分析的应用。其中,频繁过车是指车辆在较短的时间内多次经过同一位置;初次进入是指车辆第一次进入某一区域。

8.3.5 多维传感器动态数据展示

通过查询检索服务获取多维传感器动态数据,实现实时动态数据的可视化展示。利用地图服务展示多维传感器位置分布、图表展示多维传感器的属性变化信息,利用 RTSP 服务展示多维传感器视频信息,形成平台多维感知能力、多维监控能力、多维管理能力。

8.4 时空数据治理工具

时空数据 ETL 工具依托数据标准规范进行多源异构时空数据的采集汇聚,形成"统一标准、共建共享、授权使用"的政府信息和社会信息交互融合的时空大数据资源体系。实现大数据背景下智慧城市信息化建设相关的空间数据、业务数据、物联网传感器数据、互联网数据等多源异构数据的全量全面汇聚,依托智能的数据采集、清洗、整合工具,实现数据融合。

8.4.1 时空数据汇聚工具

时空数据汇聚工具负责为时空数据库提供各类接入的数据源,包括动态传感数据接入、基础地理空间数据规范化导入、电子政务数据汇聚、互联网数据接入等子系统(图 8-3)。它主要是在一套标准的插件框架下,完成对智慧城市各类型、各部门数据的汇聚处理。

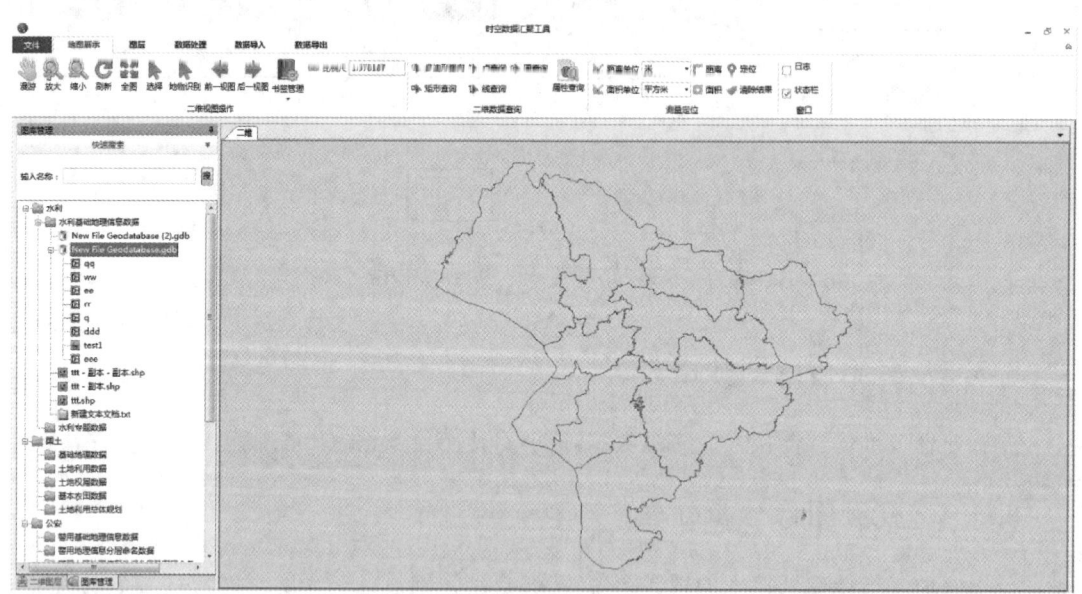

图 8-3 时空数据汇聚工具界面

8.4.2 时空数据空间化工具

时空数据空间化工具面向测绘、国土、公安、农业、城管、社管等不同行业的非空间专题数据，解决行业业务专题数据上图问题。对行业部门的非空间专题信息和不同数据格式（如Excel、数据库表、JSON、XML等），提供多种方式的自动和半自动空间化手段，包括基于空间映射表和基于地名地址服务引擎的专题信息空间化工具，以及对行业内没有空间描述的专题信息提供简单信息上图标记服务功能（图8-4）。

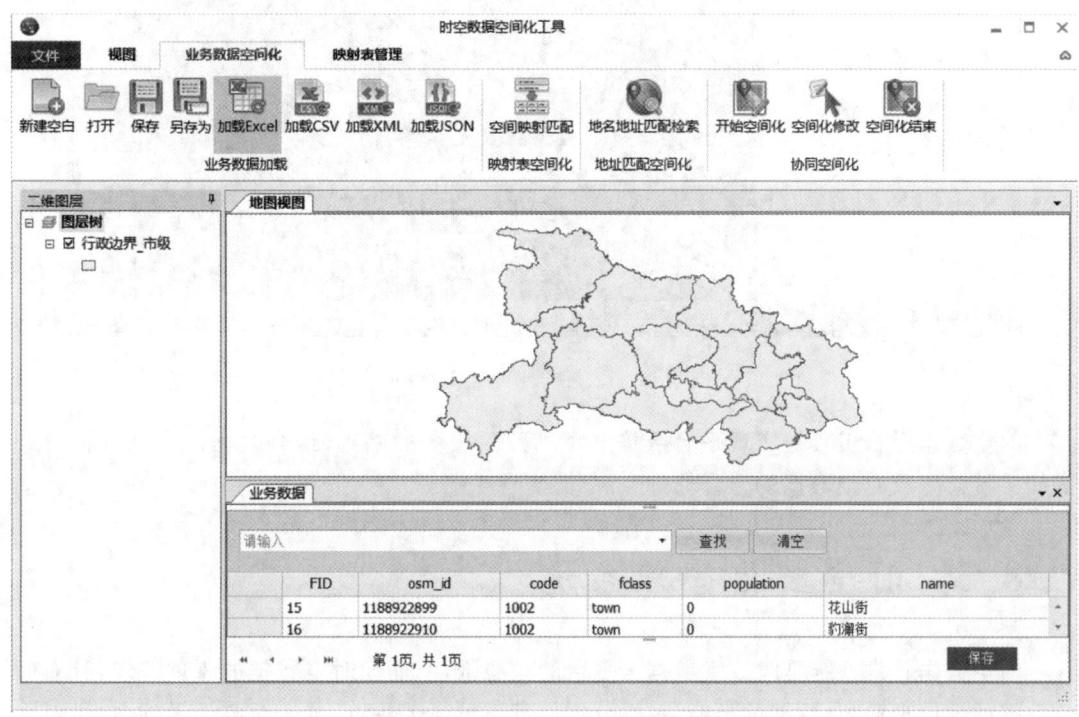

图8-4 时空数据空间化工具界面

时空数据空间化工具是时空大数据云平台数据融合处理工具的一部分，结合数据汇聚和平台服务的相关接口完成业务数据的空间上图处理。

8.4.3 时空数据融合工具

时空数据融合主要在一套标准的框架下，完成对智慧城市各类型、各部门数据的融合，形成一套融合处理的行业工具组件。在基础地理信息数据的基础上，通过数据加载、数据抽取、数据转换等建立行业地理数据实体框架，并与行业数据建立数据字段映射关系、要素几何转换参数、数据检查参数等步骤完成数据融合流程。数据融合工具在数据处理工程中形成一套接口规范和数据流转规范，针对不同行业需求，开发不同的组件应用，通过工具的统一接口和数据规范进行扩展调用以完成相应行业的数据融合需求（图8-5）。

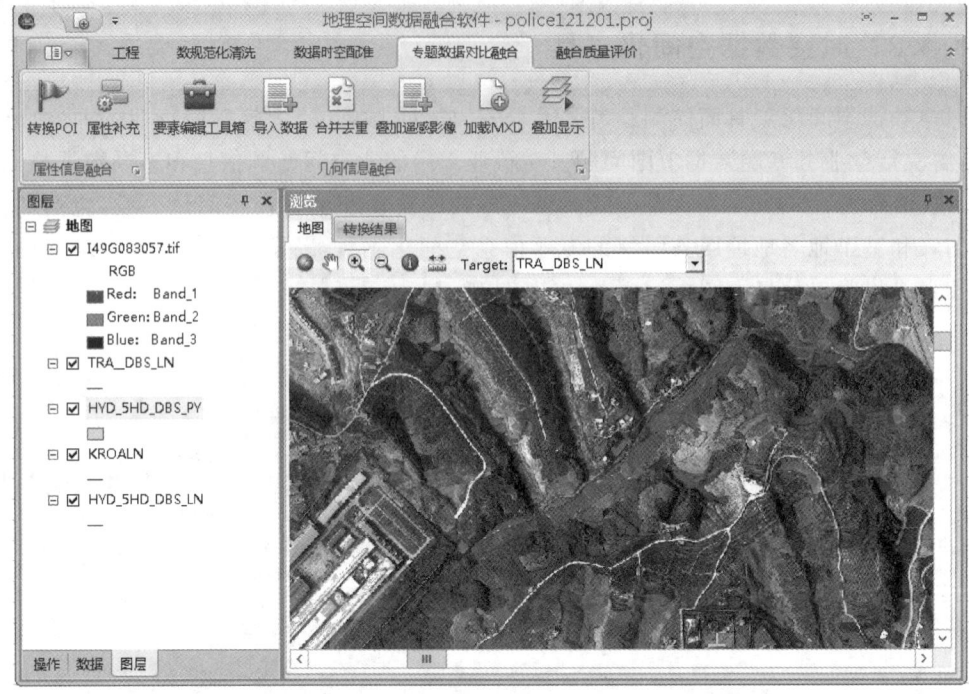

图 8-5 时空数据融合工具界面

时空数据融合工具是实现平台数据共享、管理、服务的基础,结合数据汇聚和数据管理的相关接口完成时空数据的融合处理。

8.5 时空数据管理系统

时空数据管理系统是时空大数据云平台的核心部件,面向时空数据的管理需求,针对时空数据的数据来源广、数据种类杂、数据分析处理需求高等特点,基于时空云设施,提供对多维、动态、异构的多种时空数据进行高效管理、查询检索等服务(图 8-6)。

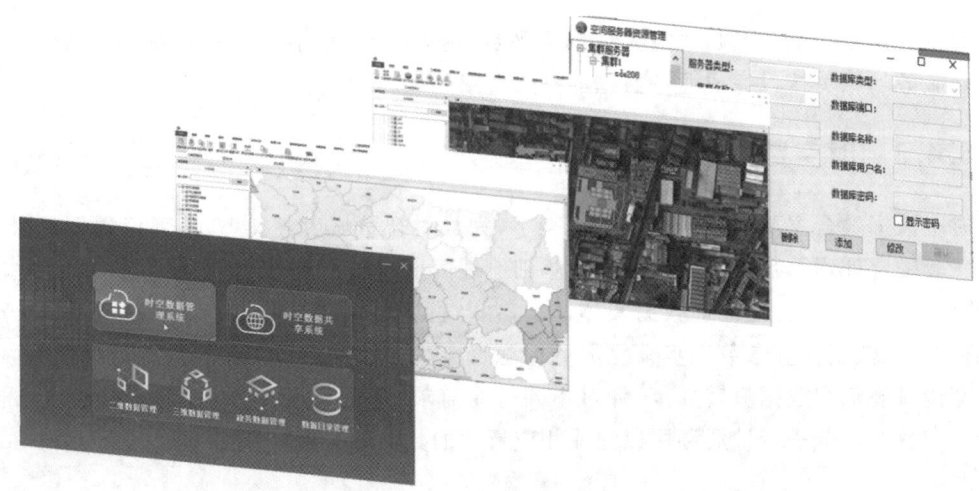

图 8-6 时空数据管理平台界面

针对不同类型数据的特性,设计采用不同的数据引擎做支撑,并设计通用的公共数据查询管理服务,配合多种时空数据展示技术,对基础地理信息数据(包括二维和三维空间数据)、典型传感器动态数据(包括视频数据、原位传感器和 GPS/北斗定位数据)、政务基础数据等,进行提取与入库操作,建立时空索引,并进行多层次、多模式的检索,实现各类数据库间的高效访问与跨库联合检索。

8.6 影像数据管理工具

为了实现对海量影像数据的科学、高效的管理和使用,使影像管理工具最大限度地发挥影像资产使用价值的需求,分析卫星影像数据资源情况,也可以提升其他部门和应用单位的影像数据分发能力。影像数据管理工具包括数据资源目录、数据资源查询、数据浏览、数据检查、数据入库、数据迁入等管理与维护功能模块(图 8-7~图 8-10)。

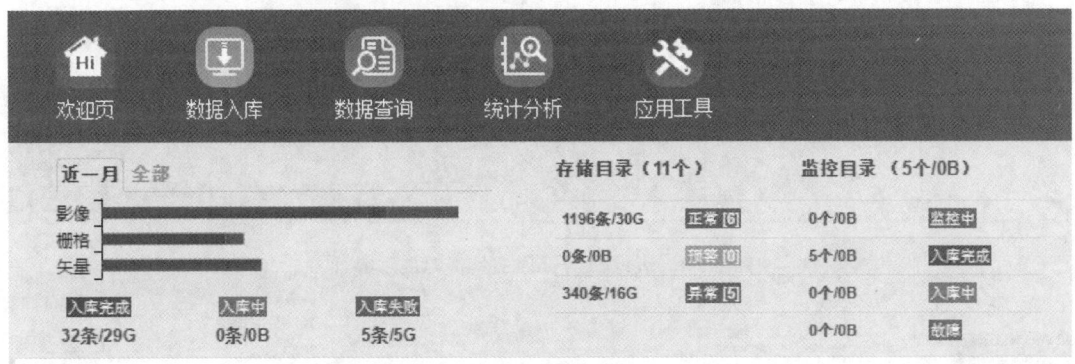

图 8-7 影像数据管理工具主界面

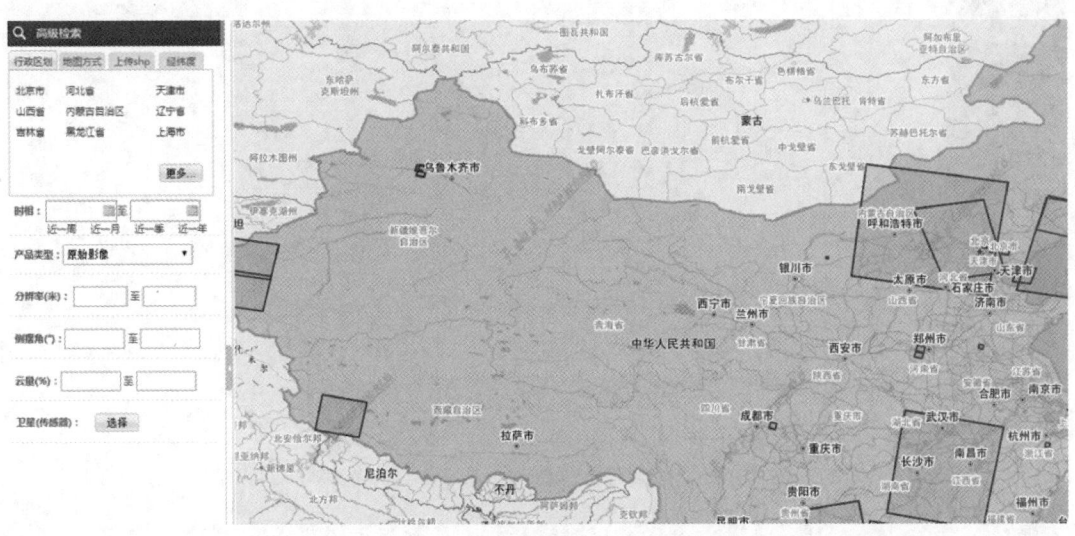

图 8-8 影像数据管理工具检索界面

时空大数据云平台开发实践

图 8-9　影像数据管理工具资源展示界面

图 8-10　影像数据管理工具服务发布界面

8.7 服务管理系统

8.7.1 服务发布管理系统数据源配置

服务资源数据的存储方式多种多样,涉及关系型数据库(Oracle、MySQL 等)和非关系型数据库(HDFS、MongoDB、Redis 等),以及其他不断涌现的新的数据存储技术。服务发布管理系统数据源配置按照"空间地理信息服务规范",对服务资源数据进行配置管理,形成统一规范的数据源来源(如共享文件夹),并对数据源形成列表管理,动态实现服务数据源的增加、修改、删除等功能操作,解决多种类型的地理信息服务数据源配置管理困难的问题。

8.7.2 服务发布管理系统

服务发布管理子系统为时空大数据云平台提供统一的数据配置、服务发布、服务管理,并对所管理的服务提供关键字检索、查询、修改、删除等功能。服务发布管理已实现服务列表的管理(包括服务的启动、停止、删除等)、服务创建(包括基础信息服务、专题信息服务的创建)(图 8-11)。

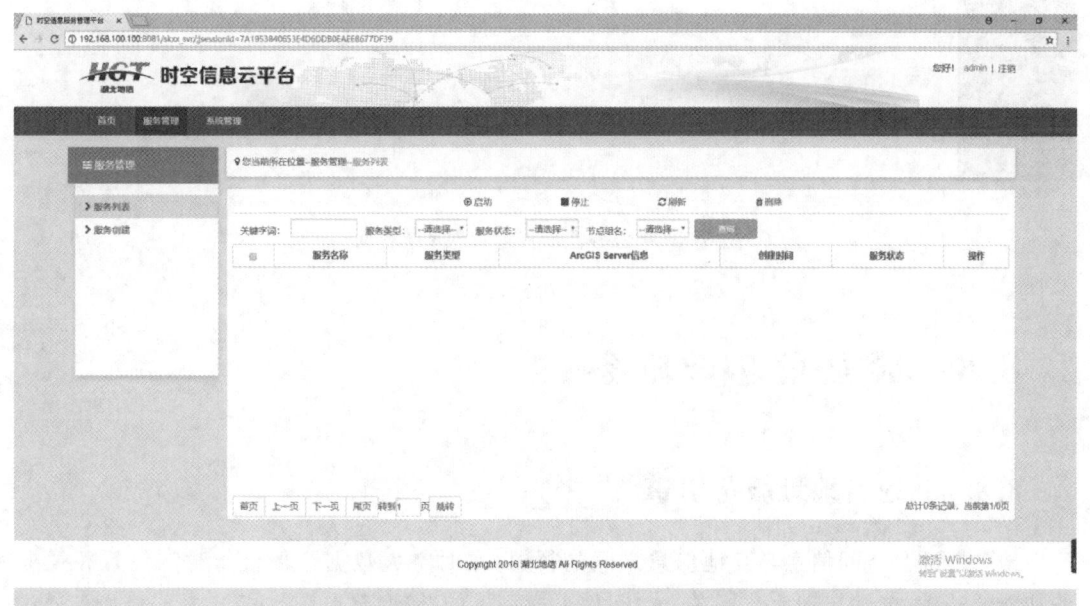

图 8-11 服务发布管理系统界面

8.7.3 服务注册代理管理系统

服务注册代理管理系统主要为时空大数据云平台集成的内部服务和第三方外部服务提

供注册、代理等功能,并提供对外的网关服务(图8-12)。在服务的安全使用方面,系统采用服务 token 的技术手段,通过用户按需对各类服务进行申请和管理员根据权限及实际情况对用户服务申请进行审批的管理方式,实现对不同行业、不同部门、不同身份、不同权限用户可使用服务范围的鉴权管理。另外,为进一步提升地理信息服务使用的安全性与可控性,该系统特别针对服务的调用者和调用情况进行控制,支持对服务调用详细情况(包括服务的调用者、时间、IP 等)进行实时监控,还能够监控调用者对服务的访问次数、时空范围、访问频率等,以便平台的管理者使用更加积极主动的应对手段保障地理信息服务平台安全稳定的运行。

图 8-12 服务注册代理管理系统界面

8.8 时空信息云服务

8.8.1 地名地址服务引擎

地名地址是空间信息与其他信息之间的桥梁,是时空大数据云平台与时空位置相关业务功能的基础,能够实现大数据在全空间信息模型上的精确定位(图8-13、图8-14)。通过地名地址引擎的建设,实现时空大数据云平台对地名地址大数据的管理,形成地名地址入库、编辑、维护能力,并提供交互式界面管理词库,以及封装地名地址服务接口,提供不同精度、不同输入模式的地名地址服务 API 接口地址、接口参数说明和调用方式等给第三方应用,将地名地址服务打造成云平台空间位置服务的入口,并作为各类时空数据的关联主键,使地名地址成为连接逻辑上的空间位置和后台空间信息最直接的纽带。

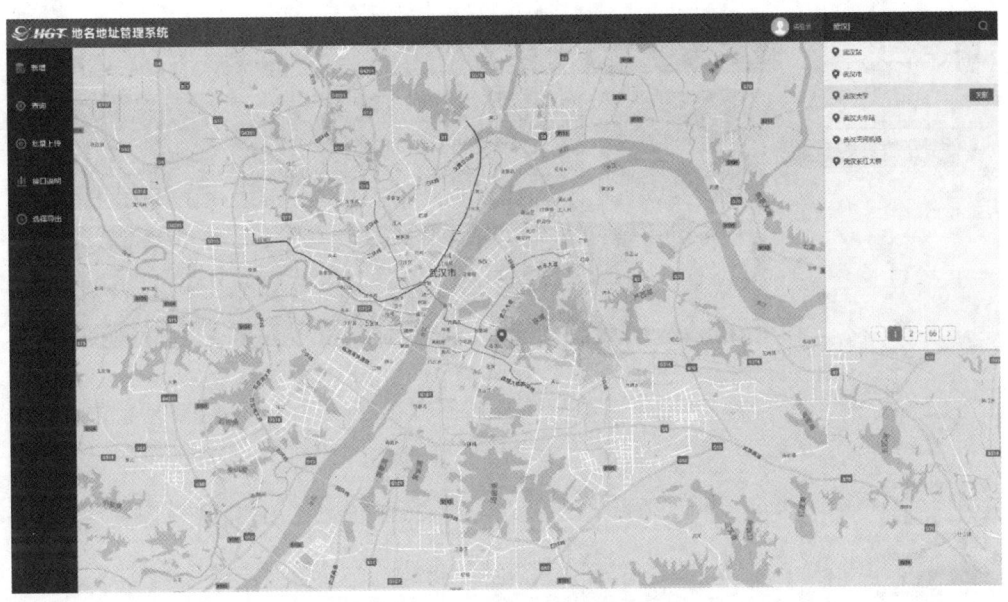

图 8-13 地名地址服务引擎界面（一）

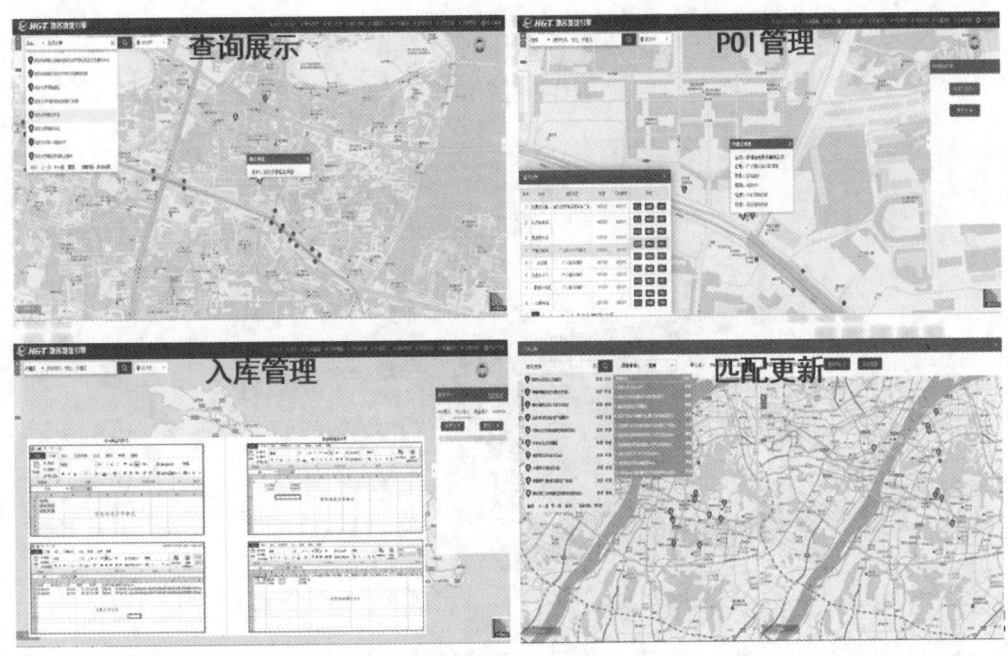

图 8-14 地名地址服务引擎界面（二）

8.8.2 在线专题制图系统

在线专题制图系统以地图输出为目的，提供了一组能快速满足用户制图要求的服务。系统提供基础出图、行业出图、专题出图、关联出图、计算出图、动态出图、在线制图等功能（图 8-15、图 8-16）。

图 8-15 在线专题制图系统界面(一)

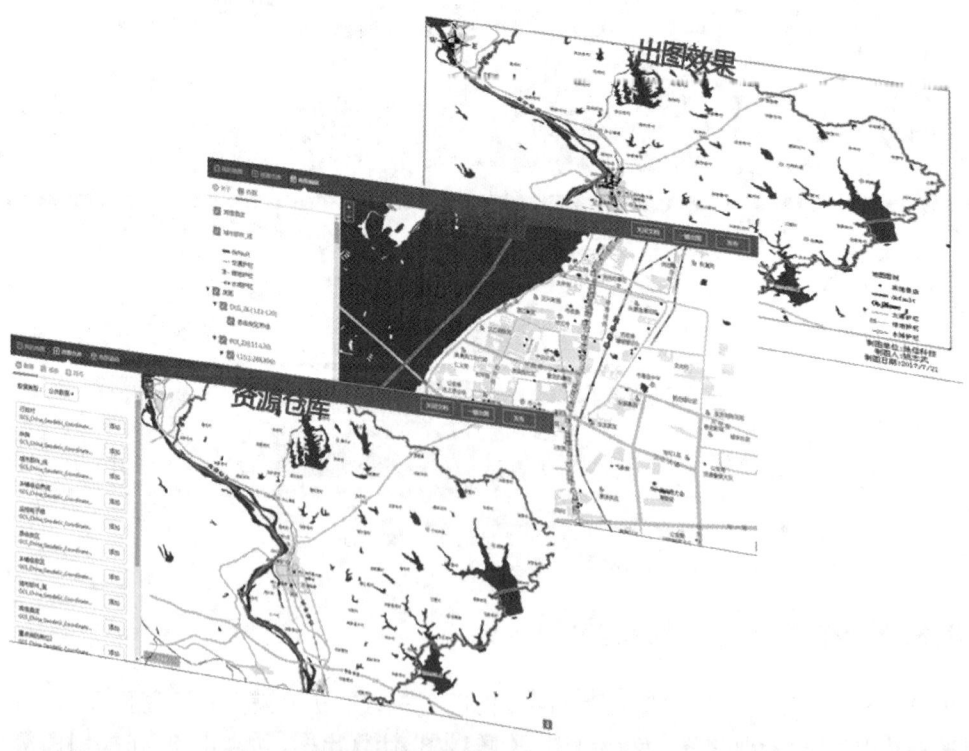

图 8-16 在线专题制图系统界面(二)

8.9 时空信息资源共享目录平台

在时空平台建设标准数据体系的过程中,多个单位或多个部门,都参与不同类型数据的生产和成果处理。在这个过程中,需要通过多种形式对平台的数据成果进行共享,以满足多部门参与数据生成建设的基础需要,打破以往多部门数据生成时跨部门基础数据共享的壁垒。

为支持各专业部门对时空数据的共享使用,建设了时空信息资源共享目录平台,可实现不同部门的专业用户对智慧城市时空数据资源、功能服务、平台服务进行目录查看、检索、展示、申请、下载等功能操作,并通过用户权限分级和功能分级,精确控制用户对数据内容的访问和使用权限,确保数据与平台的安全可靠(图8-17)。

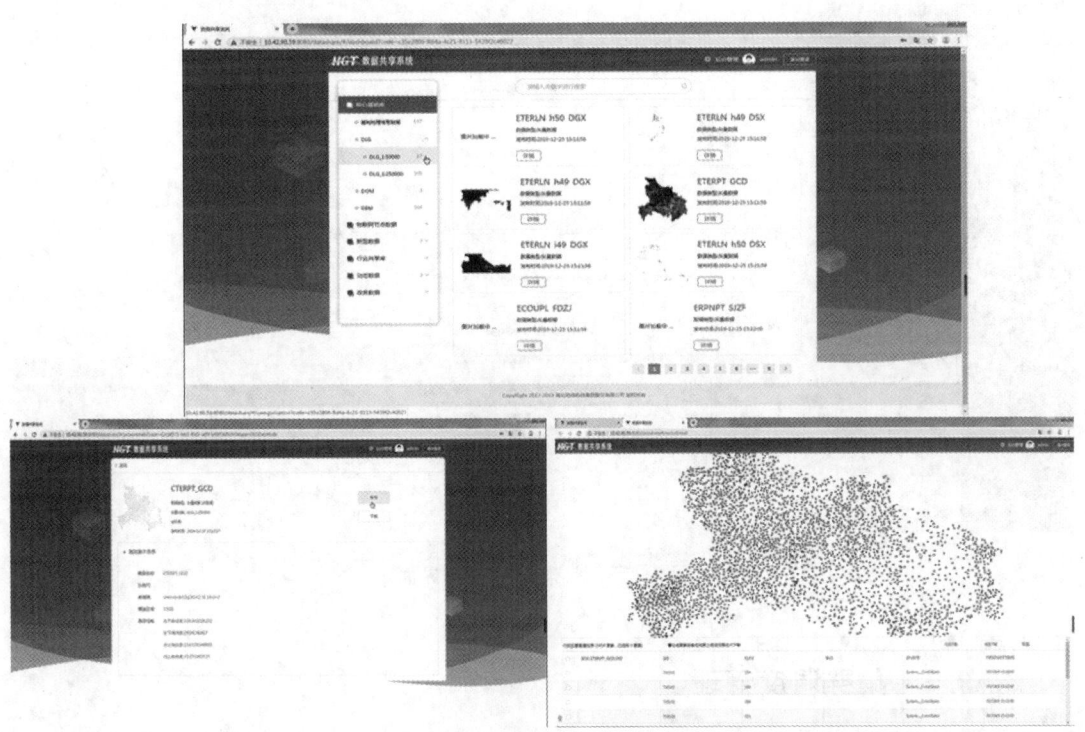

图8-17 时空信息资源共享目录系统界面

8.10 平台运维管理系统

8.10.1 用户监控

为保证时空大数据云平台数据及业务操作的安全性,需要对时空大数据云平台的用户行为进行严格的监控。用户监控分为三大部分:事前、事中和事后。事前是指在用户行为发生之前,在业务层面做严格控制,一般可以从授权上做控制,采取用户多重身份验证和特殊警告让用户确认等手段;事中是指在用户行为发生时,系统后台根据用户行为的严重程度,进行相应的日志记录,甚至向管理员发送预警等;事后是指用户的行为操作在未来某段时间内可追溯、可分析,这有赖于系统与日志管理平台良好的对接。

8.10.2 日志管理系统

日志管理系统为时空大数据云平台提供集中式的日志收集与管理服务,并在日志存储的基础上,提供大数据量日志的快速搜索与可视化功能,并进一步提供日志的监控与预警服务(图8-18)。

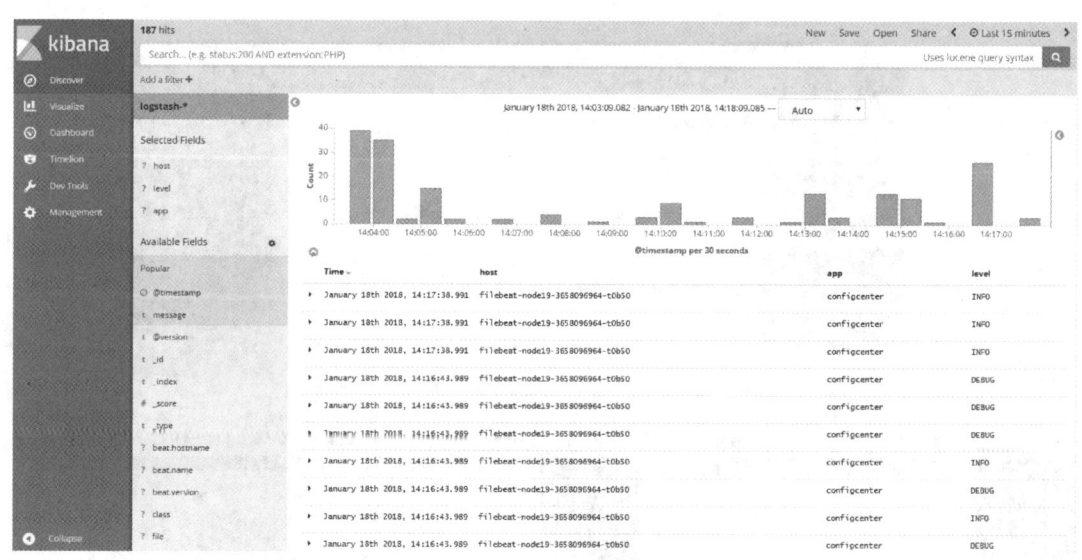

图8-18 日志管理系统界面

8.10.3 集群调度管理

集群调度管理系统提供资源调度、均衡容灾、服务注册、动态扩容等功能。通过集群调度管理系统,能够在一个集群主机间(包括裸机和虚拟机)管理容器应用,提供应用程序自动化部署、维护和扩展的基本机制,搭建以容器为中心基础设施的开源平台(图8-19)。

8.10.4 部署配置中心

部署配置中心提供参数下发功能,平台中各应用可以访问配置中心,进行相关配置文件的下载或系统参数获取。配置中心提供配置信息录入、查询、修改、删除和配置文件下载等功能(图8-20)。

8 时空大数据云平台组成

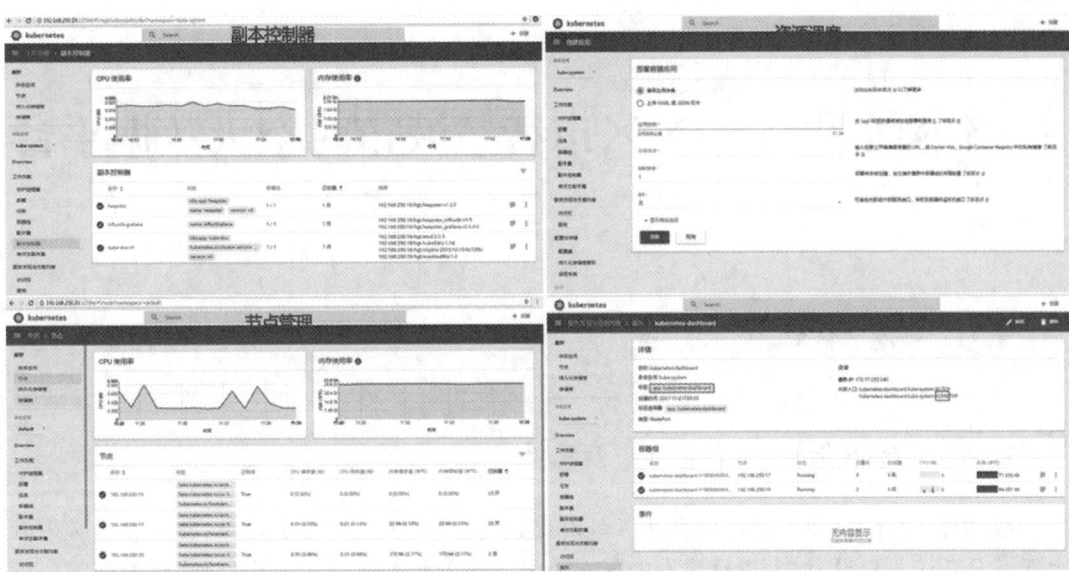

图 8-19 集群调度管理系统界面

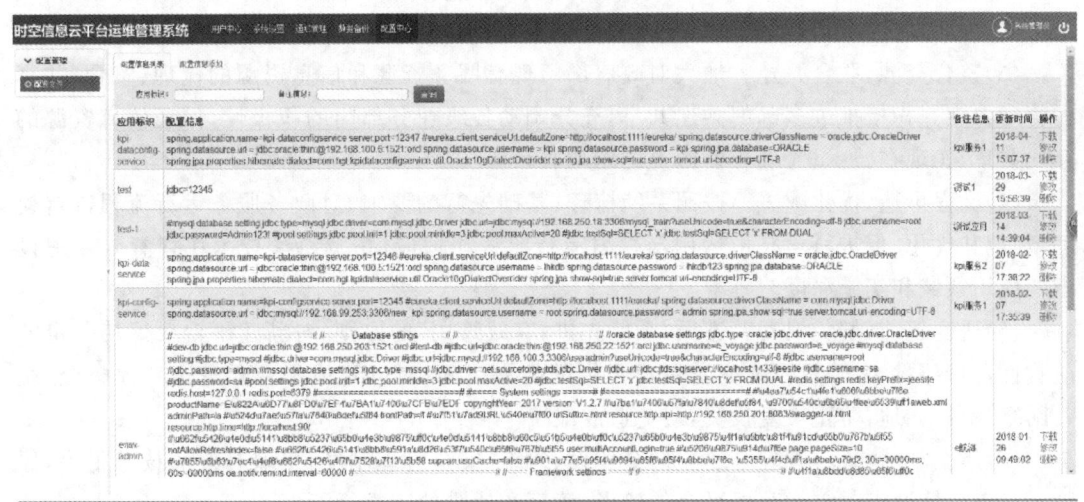

图 8-20 部署配置中心界面

9 案例实践——××市智慧城市时空大数据平台

9.1 总体设计方案

9.1.1 建设原则

(1)加强领导,全面推进。项目在××市委、市政府的统一领导下建设,各委办局必须着力抓好自身任务建设,加大项目建设的落实力度。各级业务部门必须积极配合,遵循统一标准,梳理政务数据,做好系统对接,确保项目建设的质量和进度。

(2)统筹规划,统一标准。依托智慧××前期信息化建设的基础资源,加强统筹规划,统一标准,为建设××市智慧城市时空大数据平台提供基础支撑。

(3)整合资源,联合共建。加大对政府部门现有服务资源和信息资源的梳理、整合、共享的管理力度。积极推进多部门共建共享,充分调动各级业务部门的积极性,保证信息资源的互通共享,实现在技术、管理等资源上的密切联系。

(4)流程再造,优化配置。按照系统梳理、基础先行的要求,对政务服务运行流程进行梳理、规范和优化,促进科学技术运用与权力运行流程相适应,拓宽科学技术在智慧××建设中的应用领域和实施深度。

(5)适度超前,避免浪费。遵循"功能先进,有效管用"的原则,对新建平台要保持一定的前瞻性,为智慧××建设不断完善留出足够的扩展空间;对已建成平台要进行有效整合,统一网络、统一场地,防止重复投资,避免造成浪费。

(6)建立制度,统一管理。建立健全建设、运维、安全管理制度,采取有效的技术手段,保障××市智慧城市时空大数据平台的建设、管理和运维的正常运行。

9.1.2 总体框架

智慧城市时空大数据平台依托云计算、大数据、物联网等先进技术,整合集成基础时空数据、公共专题数据、物联网感知数据、互联网在线抓取数据和本地特色数据,结合××市智慧城市时空大数据平台建设现状,建设感知层、基础设施层、时空数据层、平台层和应用层5个层次,同时建立支撑时空大数据平台相关的规范和信息安全体系,形成××市时空大数据中心与共享交换中心,为智慧××建设智慧应用提供基于时空地理信息的大数据共享服务支撑,总体框架如图9-1所示。

9 案例实践——××市智慧城市时空大数据平台

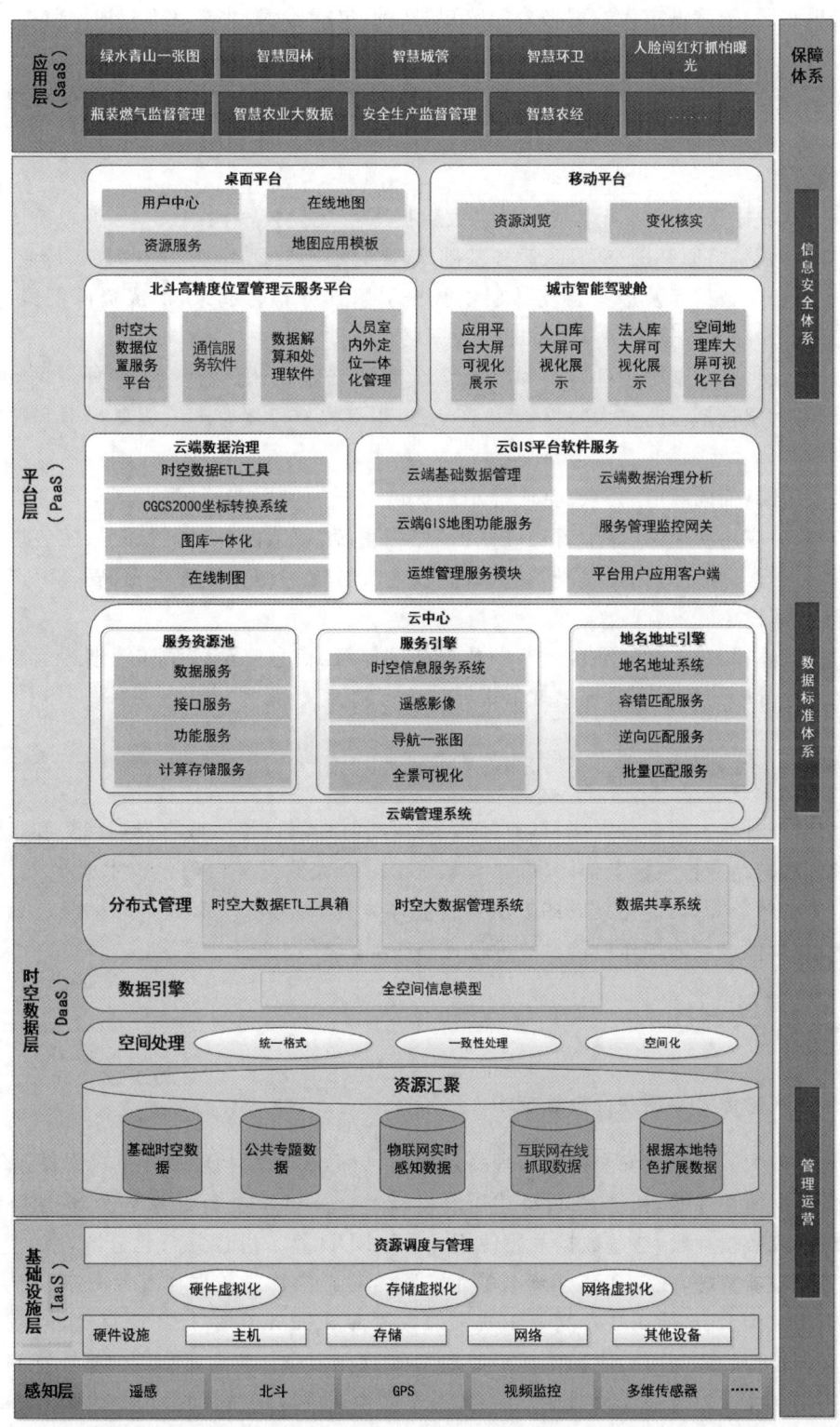

图 9-1 总体结构图

(1)感知层:智慧城市大数据平台的感知层建设包括遥感、北斗、GPS、视频监控、多维传感器等天、地、空一体化的感知能力。

(2)基础设施层:是整个云平台运行的基础,包括主机、网络、存储等软硬件资源。依托云计算技术,通过对虚拟化硬件、虚拟化网络等资源的管理和调度,为平台提供基础的运行环境支撑。

(3)时空数据层:根据《智慧城市时空大数据平台建设技术大纲(2019版)》新要求优化整合时空数据层,将原基础空间库、政务基础库、实时动态数据库、专题空间库、行业共享库、专题服务库和元数据库及原平台支撑层中数据引擎部分整合起来,形成资源汇聚、空间处理、数据引擎和分布式管理一体化的时空数据层。

(4)平台层:基于基础硬件资源和数据资源,结合云服务平台的特点,对外提供数据和功能服务。平台层包括云时空大数据能力平台、北斗室内外位置管理云服务平台和城市智能驾驶舱。

(5)应用层:面向政府、公众、企业等用户提供不同的应用支持,重点满足政务管理和社会服务需求。应用层包括"绿水青山一张图"监测系统、智慧园林、智慧环卫、瓶装燃气信息化监管平台、行人闯红灯抓拍曝光系统、智慧农业大数据一体化管理平台、安全生产监督管理平台等的建设。

(6)保障体系:建立保障平台运行的数据标准体系、信息安全体系和管理运营制度等内容,为平台运行中的各个环节提供规范指导和运行制度保障。

9.1.3 技术路线

智慧城市时空大数据平台项目通过深入调研新时期信息智慧城市发展趋势和自然资源管理工作需求,结合自然资源部印发的《智慧城市时空大数据平台建设技术大纲(2019版)》新要求,采用任务并行、优化集成的方法进行总体设计,并确保所有设计成果经过充分论证分析和系统软件成果的操作检验。技术设计路线如图9-2所示。

9.1.4 关键技术

1. 分布式影像大数据并行处理技术

为了实现大数据存储安全性与处理高效性的目标,在技术上采用分布式文件系统ceph原始影像数据海量存储,利用hadoop生态环境spark on yarn并行计算平台,快速将影像文件数据切割成数据片段,这些数据片段使用spark RDD算子进行并行化分解,结合yarn弹性伸缩分配容器资源,在各个计算节点单元容器内对影像片段数据作瓦片分割、分层,构建影像金字塔结构索引,使用高效的分布式索引数据库accumulo进行高速存储,使一次大数据影像可在较短的时间内完成影像瓦片处理发布(图9-3)。分布式索引数据库存储瓦片信息还可提高影像访问时的读取速度,分布式金字塔快速提取构建,加强用户体验。

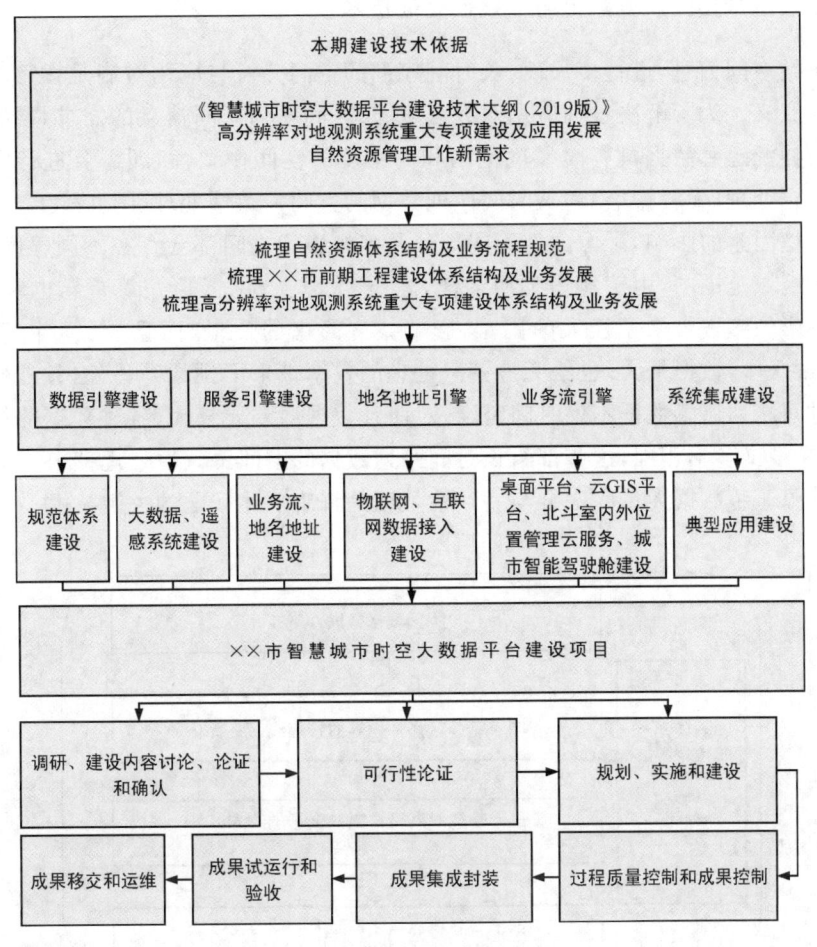

图 9-2 技术设计路线示意图

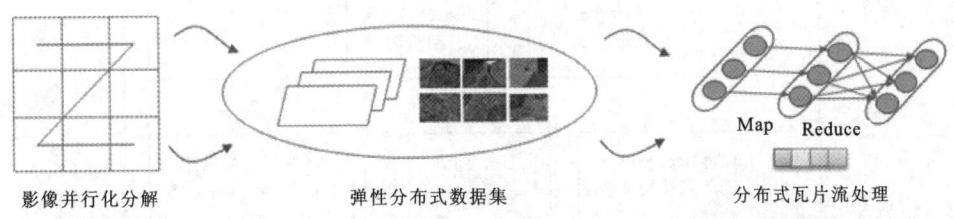

计算基础设施

分布式资源调度框架

存储基础设施

图 9-3 影像分布式并行处理

2. 异源遥感数据大尺度融合与一致性处理技术

获取各类空间信息,进行多尺度、长时间序列的空间分析与应用对满足智慧城市发展建设具有重要意义。为了解决各种应用对大区域、长时间序列空间信息的需求,需要使各种传感器获取的异源遥感数据具有大尺度范围和高精度的空间一致性,即需要进行大区域多源遥感数据融合处理(无缝镶嵌)和长时间序列数据的空间一致性处理(图9-4)。但由于传感器内外部环境因素的影响,影像内部不同部分及多幅影像之间都会存在不同程度的色彩、亮度差异。大区域范围内,由于地物类型多样,光照、大气条件、云覆盖等差异也较大,这些因素都给多幅影像镶嵌带来了极大的困难,影响镶嵌影像的质量,而且大区域由于涉及范围大,影像数量众多,数据量大,也给无缝镶嵌处理的效率带来了挑战。另外,各种传感器获取的多源长时间序列遥感数据不仅时间跨度长,而且数据源差异较大,各种数据的精度差异也较大,成像模型又各不相同,这些都给长时间序列数据的空间一致性处理带来了困难。

因此异源遥感数据大尺度融合与一致性处理是解决上述问题的关键技术。

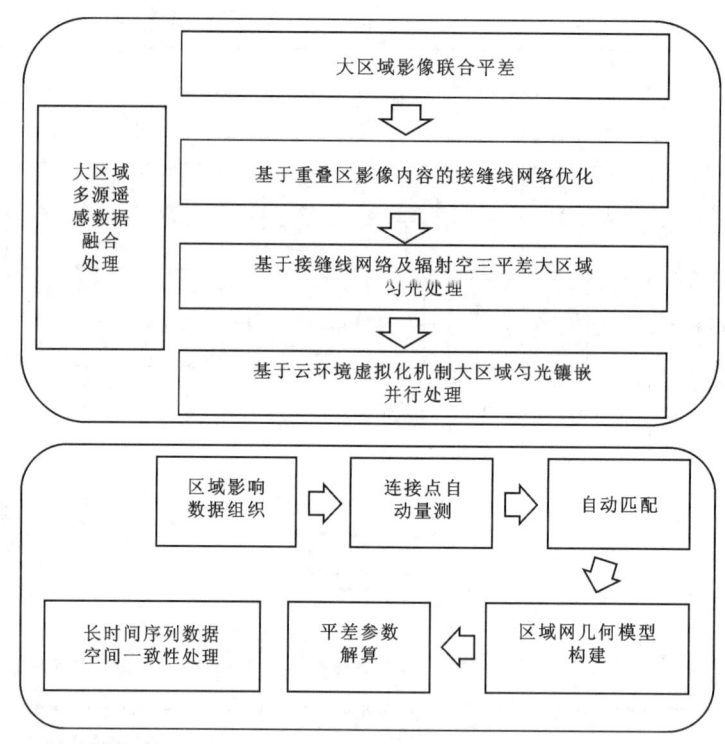

图9-4 异源遥感数据大尺度融合与一致性处理技术

对于大区域多源遥感数据融合处理(无缝镶嵌),本项目拟采用基于网络的无缝镶嵌方法,首先基于顾及重叠的面Voronoi图生成区域范围内的接缝线网络,并基于重叠区的影像内容进行接缝线网络的优化,其次基于生成的接缝线网络,采用辐射空三平差的思想进行大区域匀光处理。

对于长时间序列数据的空间一致性处理，本项目拟采用基于稀少控制点的区域网平差技术，采用各种传感器的成像几何模型，使用构成一定区域、具有一定重叠度的长时间序列影像数据构建区域网几何模型，从而利用少量的地面控制信息进行区域网平差解算，分别解求每景影像的精确外方位元素及相机的精确内方位元素，实现区域成像精化处理。本项目技术方案中将连接点地面坐标处理为带权观测值，使其高程改正值仅会在一定的精度范围内变化，不会出现由交会角较小导致的震荡现象，从而提高整个平差系统的可靠性。

3. 基于影像瓦片流计算的目标连续监测技术

目标遥感监测的特点是高动态性，待监测的影像数据具有时空数据流特性，传统的以文件为单位的批处理并行计算模式在处理时效性和计算模式上均存在局限性。

依托云计算领域的 Spark 基础设施，采用分布式内存流计算框架和弹性分布式内存技术，以瓦片流为计算单位，整合分布式计算节点的内存资源，以数据带动计算，以解决传统 IO 存储瓶颈所带来的 CPU 计算利用率低下问题，实现计算能力线性增长。

依据这一基本思想，在总结分析当前云计算技术的基础上，吸收云计算技术中流计算模型和内存计算模型的优点，本项目提出采用瓦片流模式的遥感影像按需计算模型（图9-5）；依据时空准则对现有遥感影像计算资源按照云计算平台模式进行组织和优化，构建适合遥感影像瓦片流的计算架构，并设计相应的按需计算处理流程，针对多任务并发对计算资源提出的要求，从服务端和客户端两个方面设计按需计算效率优化策略。具体而言，采用 Spark 作为计算基础设施，采用 Hadoop Yarn 作为分布式资源调度支撑，采用 GlusterFS 作为分布式存储，以遥感影像数据作为输入，将其拆解为最小可计算瓦片单元，放入 Spark 弹性分布式数据集中，触发流处理引擎进行多机联合处理，在其处理过程中可充分利用 Spark 并行计算模型，实现高效处理。

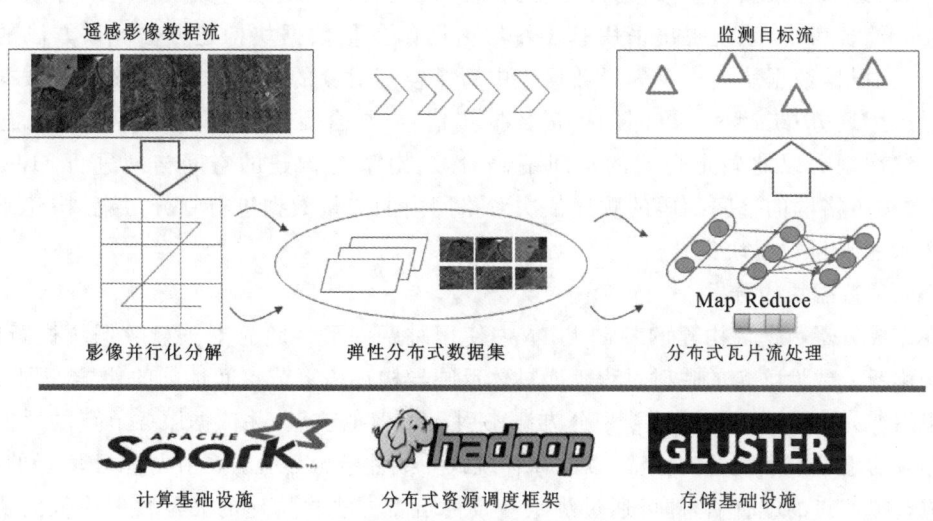

图9-5 基于影像瓦片流计算的目标连续监测技术

4. 基于 Hilbert 排列码与跳跃一致性哈希的矢量数据划分技术

在时空数据库管理方面,矢量数据划分方法是矢量要素集分布式存储和并行计算的基础,也是影响分布式空间数据库整体性能的关键技术,其目的是通过一定的数据划分规则,将矢量数据集分割为多个独立的、相对较小的子数据集,最后分布式地存储在集群中的各服务节点上,为并行空间查询与分析提供基础。在负载均衡和可扩展性的综合表现上,跳跃一致性哈希算法的效果较好,而在空间聚集特性方面,则是基于 Hilbert 空间排列码的数据划分方法效果最佳。因此,从矢量数据划分原则的角度来看,这两种划分方法的优点具有很强的互补性。为此在本期项目建设中,在分析现有数据划分优缺点的基础上,研究采用一种基于 Hilbert 曲线和基于跳跃一致性哈希的矢量数据划分策略,同时考虑了分布式系统的可扩展性及其在异构环境下的负载均衡性,取得了较好的划分效果与计算性能。

基于 Hilbert 曲线和跳跃一致性哈希的矢量数据划分策略分为两个部分,分别为矢量数据块的构建和矢量数据块的分发。

1) 矢量数据块的构建

Hilbert 填充曲线是面向点要素设计的,而矢量空间数据除包含点要素外,还包括线要素和面要素。因此,系统在矢量数据块的构建过程中,使用线要素和面要素的几何中心坐标替代其空间位置,以此实现对线要素和面要素的空间编码。然而,由于 Hilbert 空间编码的时间复杂度较高,若以单个矢量对象为划分粒度,划分过程则需要计算空间数据集内的每一个矢量对象,较为耗时,同时一些空间聚集性明显的矢量对象往往具有相同的 Hilbert 编码值,这导致了一定的重复计算,降低了划分效率。此外,过大的 Hilbert 阶数也会降低划分效率,而较小的编码阶数则可能会造成单一编码格网对应的数据量过大,引起负载不均衡问题;而且不同矢量数据集的空间特征(矢量对象大小、空间分布特征等)往往有所不同,因此如何依据矢量数据集的空间特性,确定合理的编码阶数是提高划分效果的关键步骤。综合考虑,系统提出采用基于双层格网的矢量数据块构建方法。该方法的基本思想:首先根据数据块大小及矢量数据集中每个空间对象的几何中心,对该矢量数据集进行初始格网划分;统计每个格网的矢量数据集信息,结合目标数据块参数要求,对初始格网进行二次划分以此确定合理的空间编码阶数;对最终构建的空间格网进行 Hilbert 编码,其次按照格网的空间编码的顺序依次对格网内的矢量数据进行划分,最后构建出符合目标要求的矢量数据块集合。

2) 矢量数据块的分发

在完成矢量数据块构建的基础上,本书使用跳跃一致性哈希对矢量数据块进行映射。但由于跳跃一致性哈希的映射过程不能具体反映异构环境下节点间性能的差异,因此,系统提出采用首先向跳跃一致性哈希划分方法中引入了虚拟节点,并依据服务节点的性能指标设计相应的虚拟节点配置的方法,以此弥补跳跃一致性哈希划分方法在异构环境下的不足。在完成虚拟节点的配置后,即可通过跳跃一致性哈希方法将构建的矢量数据块依次映射到各服务节点(图 9-6)。

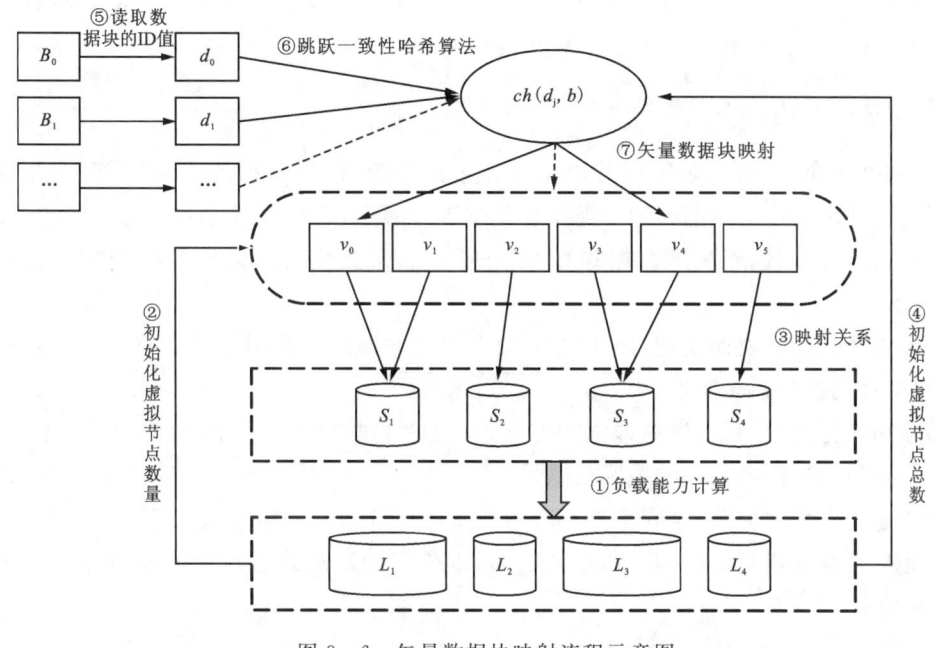

图 9-6 矢量数据块映射流程示意图

5. 多尺度数据联动更新技术

为保证多尺度空间数据库一致性快速更新,采用联动更新的关键技术。其核心内容包括对多尺度要素关联提取地理实体,并基于地理实体的变化检测和联动快速更新,进而解决数据联动更新,保障数据的时效性。

1) 要素关联匹配

多尺度空间数据匹配关联的对象一般是点、线和面矢量目标,本项目针对地理要素,通过结合其几何、拓扑和语义特征,提出多种组合匹配关联方法和模型。

在提取变化要素时,要完成对要素匹配关联,研究矢量数据综合相似度,提出结合几何特征(长度、几何形状等)、拓扑特征(空间距离、空间邻近关系等)和语义特征(属性)的多特征组合的多维度矢量匹配模型与方法,从而识别或匹配时空数据库在不同时期、不同比例尺的空间要素变化情况,识别出要素图形、属性的变化内容。变化发现需要完成对空间对象相似性、差异性及语义一致性的分析,包括了数据处理、匹配、变化提取部分。数据处理是对匹配的不同数据统一进行规范化处理,为匹配工作奠定基础。数据匹配通过空间分析等处理,分析不同时期同类要素的几何特征相似度及空间拓扑关系,选取要素最佳的匹配对象,建立要素间匹配关系;语义匹配是在空间匹配的基础上,根据要素属性关联,进一步排查和确认同类要素的匹配关系。

2) 数据变化检测和联动更新机制

在要素匹配的基础上,提取变化信息,从而发现变化区域,可以确定地理要素的变化,最终形成一个数据变化检测和联动更新的机制。通过动态构建地理实体的方式进行多个尺度下地理要素的关联,并利用联动更新的方式对同一实体在多个尺度下进行动态更新,保证了数据的一致性。

6. 时空信息 ETL 融合处理技术

时空数据融合包括:①对局内部数据进行数据整合,保持数据的一致性、现势性、关联性;②对经过共享交换得到的行业专题空间数据进行融合,满足各行业对地理空间数据的需求;③抽取、融合基础地理信息数据和行业专题数据,形成满足公众服务的时空信息数据。其关键技术如下。

(1)建立数据融合映射模型,使用 mdb 数据库对数据标准之间的转换模型进行存储,软件根据模型自动进行融合处理。

(2)辅助数据关联,利用模糊搜索的方式,对关联数据的语义相似度和空间位置相似度进行评价,为用户提供最精确的关联信息。

(3)快速融合叠加去重,监测重复冗余的数据,并通过人工辅助快速去除重复数据。

(4)共享交换模板,满足行业数据需求并以软件界面的形式呈现,指导用户进行数据补充采集和录入。

7. 矢量瓦片快速服务技术

矢量瓦片是将用于传输的矢量数据切分成小的数据单元进行传输,每个数据单元只包含一定范围内的要素信息,瓦片记录的是用于绘制的数据,而不是已经绘制出的固定样式图片。将矢量数据预先处理成矢量瓦片,可以使数据的请求和传输变得更加高效,可以在客户端进行更快、更灵活的渲染。

矢量数据主要包含要素的属性信息和位置信息。位置信息可以按点、线、面要素类型来划分。矢量瓦片按逻辑模型进行处理,一个几何要素可能跨越多张瓦片,每一张瓦片被表示成一个根节点,分为点、线、面 3 个子节点,分别存储点数据、线数据和面数据,为避免数据冗余,属性信息单独以要素为单位进行统一存储。

矢量瓦片的物理模型是瓦片的属性信息和位置信息在存储过程中的具体表现形式。这一过程要着重解决两个问题。

第一,同一个要素有可能分布在多个瓦片,需要建立一种映射关系将分布在不同瓦片中的要素关联起来。在实际处理中,每幅瓦片的要素信息将只记录要素的 featureID,并与要素属性表中的要素 ID 进行关联。

第二,选择一种合适的格式进行地理信息的传输与存储。目前可用于描述地理空间对象的属性信息和位置信息的交换格式有 GML、GeoJSON 等。GeoJSON 是基于 JavaScript 对象表示法的一种数据格式,可以简洁高效地进行瓦片数据存储和传输。

在矢量瓦片的调度方面,矢量瓦片借鉴常规的栅格瓦片金字塔的 LOD 思想,在横向和纵向上,分别使用不同的方法来调整显示细节,提高数据传输和显示的效率。

首先,在纵向上,使用矢量瓦片的分级调度策略,对于同一块区域,在不同的缩放级别上,可以按照地图中图层的类别、重要程度、长度和面积等标准进行判断,划分矢量图层或要素显示的尺度范围,通过比例尺控制,在不同的比例尺下显示预先设定好的要素或图层数据。

其次,在横向上,对矢量数据进行化简处理。矢量数据的化简,是制图综合的基础,在考虑矢量空间对象的自相交和维护拓扑关系一致性的前提下,可以采用基于定点剔除模式的数据化简算法,该处理算法,不是以图层为单位进行简化传输,而是将对矢量数据的化简降低到瓦片层面,充分考虑屏幕分辨率的因素,提高化简和传输的效率。

8. 面向典型行业应用的按需出图技术

通过探讨目前行业专题之间的差异性,发现专题地图中存在大量相同或相似的地图要素,需要对这些共同的地图要素进行统一的管理,而且在面对空间数据内容的迁移变化和数据在时间尺度上发生变化时,需要快速准确构建行业专题地图和对按需出图中的专题地图进行快速更新,基于此采用了典型行业按需出图技术。

通过制定行业制图/出图标准、构建行业专题模板、专题地图制图服务等,实现基于要素的典型行业按需出图。

1)行业制图/出图标准

建立完整的标准化制图服务体系,包括地图表达形式标准、制图编绘规范、服务规范等,地图形式标准包括要素分类标准、符号渲染样式、注记样式,制图编绘规范包括数学基础、图幅分幅、地图格网、整饰要素、图例等,服务规范包括统一的服务调用接口、完整的制图业务逻辑。

2)构建行业专题模板

提出一种"专题模板"方式进行各个行业专题的构建。这里的"专题模板"分为静态模板和动态模板,其中静态模板指各专题地图所使用到的固定数据内容,可将其抽离并构建成模板。动态模板则指专题制作时使用到的详细配图方案,方案内容包括静态模板、符号库、数据推荐及符号配置策略。静态模板与动态模板能通过系统更新的方式进行后续扩展,以满足用户日益增长的专题制作需求。

3)专题地图制图服务

组织网络专题地图图面元素,积累制图模型需要的知识基础、符号基础,建立地图制图知识库,最后通过制图过程完成制图任务,形成专题地图制图服务。

4)动态信息可视化

动态表达法主要是结合计算机动画原理和计算机显示技术以动态的视觉画面来重现动态现象的变化过程。根据功能特点不同,动态表达法主要分为动态地图交互法和地图动画表示法。动态地图交互法不仅可根据动态符号的变化来反映状态发展,还可以通过各种交互功能能对动态显示的内容和过程进行控制,例如通过参数设置来控制动态符号的视觉变量和时间变量,选择动态显示的空间区域和时间段等。

时空大数据云平台是一个城市的全息仓库,能够按照应用需求,为行业和个人提供众多的时空信息服务与数据接口。采用上述专题地图制图技术,以提供标准、快速的地图服务为目标,在时空大数据云平台数据服务的支持下,按特定行业地图规范、时空统计模型和图册模板等,以"模型+数据"的驱动方式,构建多主题、多应用服务的时空信息出图服务。

9. 基于分布式集群的网络爬虫抓取挖掘技术

大数据时代,数据是最丰富也是最宝贵的资源,网络信息量快速增长,面对这样海量的数据,如何快速、精确和低成本收集所需数据是目前关注研究的热点。网络爬虫作为一种重要的数据采集手段,既是各类应用系统的外部数据来源,也是搜索引擎的重要组成部分。特别是随着数据分析技术逐渐广泛应用,作为外部数据主要来源的网络爬虫技术已经逐渐成为数据分析类应用产品的标配。本次项目建设中,提出一种基于云平台的网络爬虫架构,寻求构建一个高性能、灵活性和便捷性的网络爬虫模块。其主要关键技术设计如下。

1) 爬虫任务调度策略

本系统爬虫程序抓取网页内容时,通过高效的正则式提取,存储网页的中文文本,清洗网页的其他无效信息,同时通过域名缓冲池技术减少爬虫抓取过程中对域名的多次访问造成的延时,大大提升了爬虫的效率。

为了进一步提升网页抓取的速度,系统采用分布式集群架构。爬虫程序采用具备良好扩展性的 python scrapy 框架,支持多线程,异步 IO 高并发。对于待执行的爬虫抓取任务,根据域名系统调度分配至 Redis 队列,由各个爬虫执行节点分别从队列中抓取任务内容,执行网络抓取任务,分布式并行地实现网站数据抓取。大大提升了网站抓取的吞吐量,从而更高效、耗时更短地执行大规模的爬虫活动。

2) 爬虫任务去重策略

对于爬虫程序来说,大量重复的链接将给搜索引擎带来巨大的负面影响,不仅造成索引存储的内存负担,同时将大大增加索引检索的时间消耗。因此,去重算法的选择是爬虫性能优化的关键。传统的去重算法包括散列算法、布隆过滤器及其各种变形,其中散列算法所需的存储空间大,检索速度慢,但错判率低,并可以对制定 URL 进行删除;布隆过滤去所需存储空间小,检索速度快,但具有一定概率产生错判,其只能判断冲突,不能对制定 URL 进行删除。

由于系统在设计之初既要兼顾性能,又要兼顾其灵活性和错判率,系统采用基于 MD5 去重算法,它通过将 URL 进行 MD5 压缩,然后构建树结构存储 MD5 值来达到去重目的。由于它既具有普通散列算法的低错判率$\left(16\text{ 位 MD5 碰撞概率为}\dfrac{1}{2^{64}}\right)$,又具有树结构的空间占用小、检索速度快等特点,基于 MD5 的去重树能在性能和错判率上取得较好的平衡,同时可以满足对指定 URL 的删除功能。

10. 基于深度学习的典型要素提取与变化检测技术

深度神经网络技术不断发展,研究者已经不满足于使用卷积神经网络进行目标检测、目标识别,而是将研究重心转为语义分割。研究对象的尺度也由图像级变为像素级,使得识别的结果更为精确。全卷积神经网络是对卷积神经网络改进后形成的一种卷积神经网络。经典的卷积神经网络的浅卷积层提取简单、局部的特征,深层卷积层提取更为复杂、抽象的特征,并在全连接层对这些提取到的特征进行综合,可以提取到人工设计特征提取不到的且更为有效的特征。池化层的存在使得这些特征具有一定的平移、缩放的鲁棒性,可以在一定程度上使分类的精度更高,但经典的卷积神经网络也在池化运算时丢失了一些目标的细节,且由于它输出的是一个一维的向量,会丢失较多的空间语义信息,因此对目标轮廓无法精确刻画,只能给出较为粗糙的识别结果。同时,经典的全卷积神经网络在进行语义分割时先用滑动窗口扫描整幅输入图像,然后将窗口扫描过后的特征图块用来训练和识别,这样带来的缺点有:①效率低下,由于滑动窗口的特性,其扫描的相邻图像块的像素值差别很小,因此很多计算是冗余的;②需要大量的存储空间,对于每一个需要分类的图像,都要将包含该像素的窗口中所有的像素存储,浪费了较多的存储空间;③由于经典卷积神经网络提取的是局部特征,而非全局特征,因此丢失了较多的邻域上下文信息,会影响像素级识别的准确性。

本项目在典型要素提取与变化监测工作中,在经典的全卷积神经网络的基础上,避其缺点,提出一种基于多尺度残差连接网络(MRCNet)的典型要素提取与变化监测方法。MRCNet 网络主要设计了一种对称的网络结构,降采样分支通过卷积和池化迭代进行,得到图像的高级抽象的语义特征。上采样分支同样通过普通卷积和转置卷积迭代进行,并采用了与降采样分支得到的特征图进行叠加的跳跃结构,充分利用了空间细节信息与语义信息。最后通过 1×1 卷积将所有的特征图进行组合,通过激活函数计算的结果与标注数据对比得到损失函数值,再向传递过程采用 BP 传播进行误差校正。全卷积网络对图像进行像素级的分类,从而解决了语义级别的图像分割问题。与经典的 CNN 在卷积层之后使用全连接层得到固定长度的特征向量进行分类(全连接层+softmax 输出)不同,全卷积网络可以接受任意尺寸的输入图像,采用反卷积层对最后一个卷积层的 feature map 进行上采样,使它恢复到与输入图像相同的尺寸,从而可以对每个像素都产生一个预测,同时保留原始输入图像中的空间信息,最后在上采样的特征图上进行逐像素分类。MRCNet 模型是 FCN 的改进和延伸,它沿用了 FCN 进行图像语义分割的思想,即利用卷积层、池化层进行特征提取,再利用反卷积层还原图像尺寸(图 9-7)。然而 MRCNet 融合了编码-解码结构和跳跃网络的特点,在模型结构上更加优雅且巧妙,主要体现在以下两点。

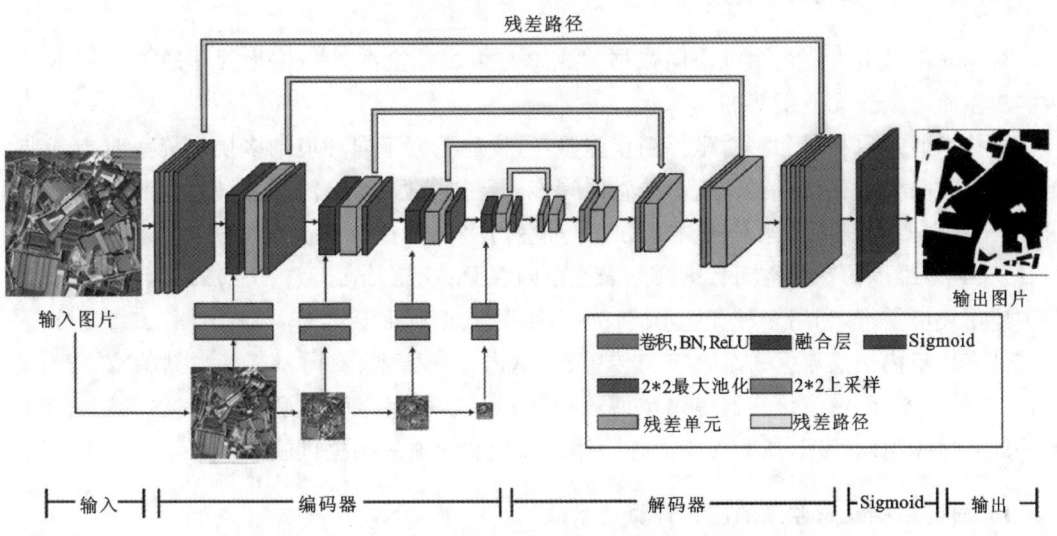

图 9-7 基于 MRCNet 网络的典型要素提取网络

(1) MRCNet 模型是一个编码-解码的结构:压缩通道是一个编码器,用于逐层提取影像的特征;扩展通道是一个解码器,用于还原影像的位置信息。而且 MRCNet 模型的每一个隐藏层都有较多的特征维数,这有利于模型学习更加多样、全面的特征。

(2) MRCNet 模型的"U"形结构让裁剪和拼接过程更加直观、合理,高层特征图与低层特征图的拼接和卷积的反复、连续操作,使得模型能够从上下文信息和细节信息中组合得到更加精确的输出特征图。总之,MRCNet 模型在较少的训练样本情况下也能得到更加准确的分类结果。

11. 多源传感器数据实时接入技术

根据城市中多层次、立体分布、标准各异的移动与静止、接触式与非接触式传感器的分类体系,基于传感器信息模型,针对特定的城市传感器信息(如视频类、GPS 类传感器等)进行建模与表达,设计多协议传感器观测数据接入方法,通过标准的注册服务实现传感器及其观测的实时接入。

(1) 在传感器分类和传感器信息模型的基础上,用过程对典型城市应用传感器建模。过程分为系统、部件、处理模型和处理链,物理传感器和数据产品用过程统一建模,采用可扩展的标记语言(XML)对过程进行描述,实现多源异构传感器信息的统一表达。

(2) 面向城市典型事件观测的需求,基于传感器观测服务接口和开放系统互联模型(OSI),设计传感器接口元数据模型,描述城市典型应用传感器接口(无线通信网、无线传感器网络 Wi-Fi and Zigbee、IEEE 1451 接口协议、IP 通信协议、RTP 视频传输协议等),实现多模式接入。

(3) 扩展 ebRIM 的信息模型,支持传感器信息模型的注册、更新和发现,通过传感器注册接口与观测数据插入服务,将传感器信息与接口信息实时注册到时空信息数据库管理系统中。

12. 室内外一体化数据管理技术

统一时空基准下室内多维空间数据的表达与组织是室内外一体化管理的关键技术,用于解决室内外数据无缝衔接的问题。

本技术通过以相对和绝对坐标系作为参考,构建兼容不同环境的多层次统一时空基准,组织室内空间要素、室内信号、室内传感器等多源特征数据。结合定位地图和特征库表达要求,利用室内 GIS 核心要素分类体系方法,对室内多源特征进行分层分类,并通过几何、拓扑、语义等多维度的室内空间数据模型表达室内多源特征。结合室内应急救援、大众导航等多种应用环境需求,利用多种表达形式(如三维模型、纸质手绘草图、实景地图、二维地图等)适应性表达室内场景数据。结合定位传感器、室内空间要素、室内特征等数据特点,设计室内特征、语义地标、定位传感器等多类型数据结构和数据库存储模型,实现对多维室内空间数据的表达和组织管理,从而为室内外一体的展示和导航应用提供服务。

13. 面向目标动态监测的流式计算技术

面向目标动态监测的流式计算技术主要针对视频实时流进行实时分类识别,视频流的对象分类识别主要核心技术包含标准视频流协议 RTSP、RTMP、HLS 接入支持,视频 H264、H265 解码;图像内容识别分类时,为了克服传统的图像识别对视频这类随机复杂的环境识别能力弱、误报率高、无法满足实际应用要求等问题,系统采用卷积的深度神经网络技术,通过大量的图像对象分割样本输入卷积深度神经网络模型进行训练,实现当前复杂环境人、车、动物内容实时高准确率的识别与分割;为了加快深度学习网络的计算速度,运算使用 nvidia GPU 并行计算技术,实现毫秒级的识别速度,服务模块采用图像运动目标的快速判别算法,对视频帧的冗余信息过滤预处理,大大提升了节点处理视频路数并发能力,减少成本(图 9-8)。

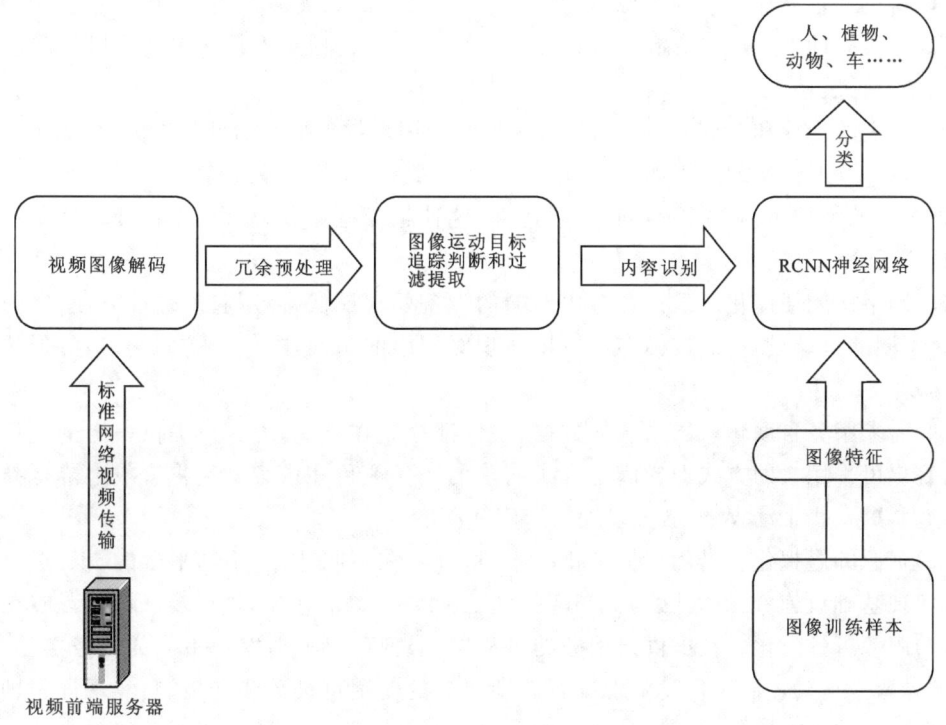

图 9-8 实时视频对象分类识别技术处理流程

9.2 云环境建设

9.2.1 云计算特征

云计算是在分布式系统、网格计算等发展的基础上提出的一种新型计算模式,是一种新兴的共享基础框架方法。它面对的是超大规模的分布式环境,核心是提供数据存储和网络服务。在基础设施缺乏的年代,一个组织若要开展信息服务,首先是要购买服务器等硬件设备和信息系统软件,雇佣专业 IT 技术人员,然后才能开展工作。在云计算中,这些工作都由系统运营商来完成。用户所处理的数据并不存储在本地设备,而是存储在互联网上的数据中心,用户所需的应用程序并不在本地服务器上运行,而是在互联网上大规模的服务器集群中运行。提供云计算服务的企业负责管理和维护这些数据中心的正常运作,为用户提供足够强大的存储空间和计算能力。用户只需接入互联网,就可以通过个人电脑、智能平板、手机等终端设备,在任何时间、地点快捷地使用数据和服务,云计算将改变传统的以个人计算机为基础的生产模式,网络将成为资源聚合与设备聚合的中枢,最终改变人们获取信息、分享内容和相互沟通的方式。云计算的特点如下。

(1)资源配置动态化。根据用户的需求动态划分或释放不同的物理和虚拟资源:增加一个需求时,可通过增加可用的资源进行匹配,实现资源的快速弹性提供;用户不再使用这部分资源时,可立即释放这些资源。云计算为客户提供的这种能力是无限的,可以实现 IT 资源利用的可扩展性。

(2)强大的计算和存储能力。云计算为网络应用提供了强大的计算能力,可以为普通用户提供每秒 10 万亿次的运算能力,满足用户的各种业务要求。云计算云端是由成千上万台服务器组成的集群,具有无限空间、无限速度,这种超级运算能力可以支撑计算密集型的大规模计算任务。

(3)网络访问便捷化。云计算对用户端的设备要求最低,使用起来也最方便,客户可借助各种不同的终端设备,通过标准的应用实现对网络的访问,方便地访问网络,降低用户使用成本。

(4)需求服务自助化。云系统的数据、软件都存储在云端,为客户提供一定的应用服务目录,客户可采用自助方式选择满足自身需求的服务项目和内容。这将有效地降低技术应用的难度,进一步推动 Web 服务发展的广度和深度。

(5)资源的虚拟化。借助于虚拟化技术,将分布在不同地区、不同平台的资源进行整合利用,实现基础设施资源的共建共享,避免重复建设,提高利用率,进一步降低运营成本。

(6)服务可计量化。在提供云服务的过程中,服务商可针对客户不同的服务类型,通过计量的方法来自动控制和优化资源配置。即资源的使用可被监测和控制,实现即付即用的服务模式。

(7)高可靠性和安全性计算。云计算模式下用户所有数据直接存储在云端,当个人计算机出现故障或崩溃时,只需换个终端就可继续享受服务,不会造成数据丢失。

9.2.2 云管平台架构设计

1. 云管平台总体架构

围绕本次项目建设需求,笔者提出超融合构建的企业级云方案。超融合架构解决方案软件架构主要包含三大组件(服务器虚拟化 aSV、网络虚拟化 aNet、存储虚拟化 aSAN)和一个管理平台(云管平台 aCMP)。利用通用的硬件基础架构,搭建好云数据中心的基础架构,在通用的 X86 平台之上,利用软件定义的思路,将计算、网络、安全和存储进行全面的融合,构建出池化的超融合基础架构。在此基础之上,利用云管理平台,能够实现租户的隔离和管理、生命周期的管理、管理系统的运维、资源及业务的编排功能特性。通过各类接口向 PaaS 和 SaaS 包括大数据进行对接,从而为上层的各类应用和桌面云、终端云提供统一的底层支撑。最后通过自动化的运维和安全及服务实现端到端的业务交付。本次云管平台整体的逻辑架构设计如图 9-9 所示。

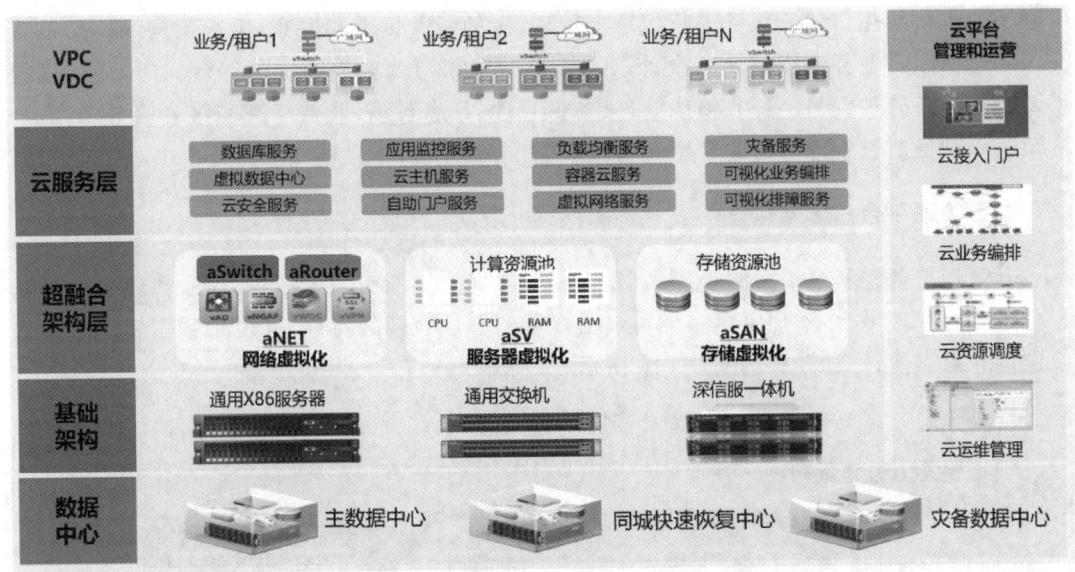

图 9-9 本次云管平台整体的逻辑架构设计

根据分层分模块的设计原则,逻辑架构分为五大部分,具体如下。

(1)基础设施层。基础设施层包括运行云管平台所需的数据中心机房物理环境,以及计算、存储、网络、安全等硬件设备。同时,云计算数据中心机房仍然按照分区分域的方式进行规划设计,主要分为网络出口区、业务应用区、数据库区和系统管理区,如有其他区域的规划也可以酌情选择删减。

(2)抽象控制层。抽象控制层主要通过软件定义的方式,实现所有资源的池化。利用各类虚拟化技术,将底层硬件抽象,对底层硬件故障进行屏蔽,统一调度计算、存储、网络、安全资源池。利用服务器虚拟化内核,实现了 CPU、内存、IO 的虚拟化,通过共享文件系统保证云主机的迁移、高可用性(HA)、动态资源调度(DRS)和动态资源扩展(DRX)。而分布式交换机预置的 VxLAN 技术可以实现多租户的虚拟网络隔离,分布式防火墙可以根据云主机的虚拟网卡提供 4 层的安全策略。采用分布式存储技术,充分利用服务器内置硬盘资源,构建出完整的存储资源池,多副本(2~3 份)技术、热备盘技术等保证了存储数据的高可靠性,本地 IO 技术、全局条带化技术等提升了存储系统的服务效率。

(3)云服务层。云服务层提供 IaaS、PaaS 和 SaaS 三层云服务。其中,IaaS 服务包括云主机、云网络(vSubnet/vRouter/vNAT/Domain Name 等)、云防火墙、云负载均衡、云数据库及云存储服务。IaaS 层服务向 PaaS 层提供开放 API 接口调用。

(4)云安全防御层。云安全防御为物理层、抽象控制层、云服务层提供全方位的安全防护,包括防漏洞扫描、主机防御、网站防御、数据库安全、租户隔离、认证审计、数据安全等多种模块。云安全防御层可完成云管平台层面的等保需求,各租户的安全建设,根据租户自身的情况酌情选择。

(5)云运维与管理层。云运维与管理层主要面向云管理平台的管理员,可以更好地对云管理平台提供给用户的云服务进行配置与管理,例如服务目录的发布,组织架构(管理)的定义,用户管理、云业务流程的定制设计以及资源的配额与计费策略定义等。同时,还可以提供基础的设备管理、配置管理、镜像管理、备份管理、日志管理、监控管理和报表服务等,充分满足云管理员对云管理平台的日常运营维护需求。

2. 云管理平台总体架构

云管理平台是整个平台的管理、调度及运维中心。××市大数据服务云管理平台是基于分布式的管理平台,添加了更多的可灵活扩展和开放兼容的特性,同时增强了整个平台的稳定性和可靠性,详细架构如图9-10所示。

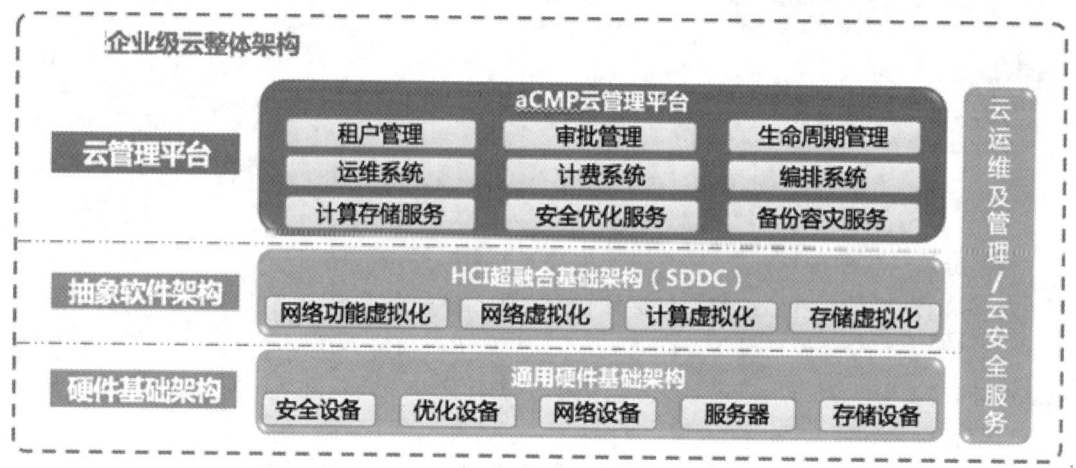

图9-10 云管理平台的详细架构

通过对业务部门的分级管理,实现了私有云多级资源的灵活分配;通过定制个性化的审批流程,可以用于各类有特殊审批需求的场景;通过对资源的全生命周期管理,可以对租户的服务质量实现全面的把控和管理。

9.2.3 云环境建设解决方案

1. 云管理平台硬件配置

在硬件方面,通过新购3台超融合一体机即可完成整个数据中心的改造。通过改造,构建一个基础的云计算平台(图9-11),包含以下内容。

9 案例实践——××市智慧城市时空大数据平台

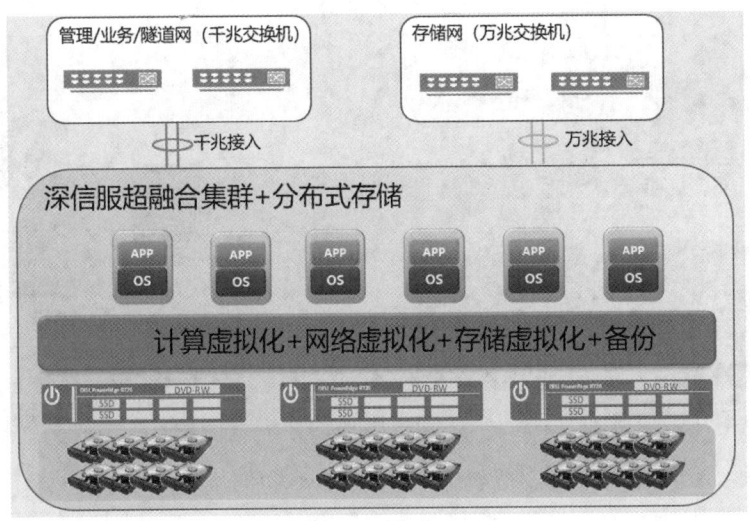

图 9-11 云平台硬件环境

(1)将现有的所有业务系统迁移到新的超融合资源池,3 台服务器的硬件资源打通成一个大的资源池。单台服务器配置 2＊128G 的系统盘,384G 的内存;3＊4T SATA 盘,3 台服务器一共 36T 空间,双副本后可用空间达到 18T,完全满足现有、未来业务系统所需的存储容量的需求。同时每台服务器配置 1 块 2＊960G SSD 固态盘用于缓存热点数据,3 台服务器通过存储虚拟化打造成分布式存储池,可以提供超过 20W 的 IOPS。

(2)所有数据通过双副本的技术双写两份,存放在不同服务器的不同磁盘内,任何服务器故障、磁盘故障都不会导致数据丢失,是天生的"存储双活",无需购买双活外置存储即可实现相同功能,性价比极高。

2. 网络及安全建设

计算机网络采用两台模块化核心交换机,构成冗余架构,在网络出口部署两台负载均衡设备,实现链路和应用的负载均衡,在负载均衡设备和核心交换机之间部署下一代防火墙、上网行为管理设备、WAF 等设备,加强系统的安全性,并在下一代防火墙上开启 AV 病毒防护功能、IPS 功能、SSL VPN 功能。在服务器上部署企业级网络版杀毒软件。通过在超融合服务器中部署软件防火墙实现东西向的网络安全。在数据中心超融合服务器外部署一台备份一体机,通过超融合的副本策略和备份一体机的备份策略实现数据的双重安全保护(图 9-12)。

3. 数据中心机房建设

机房主要服务于政务办公、数据存储、视频监控、数据交换等内容,作为××市政务服务和大数据管理局的网络数据信息中心,机房内数据存储量大,信息交换多。并且随着信息化业务建设需求的发展,机房内数据存储和信息交换在逐年增多。计算机机房作为保证计算

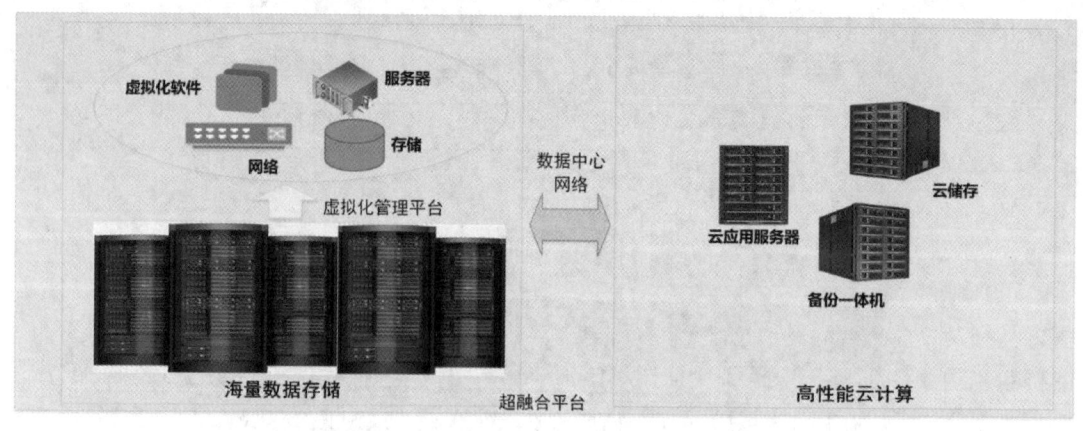

图 9-12　总体部署示意图

机系统长期正常安全、稳定运行的工作场地,有必要按照国家有关计算机机房设计规范进行配置,以保证机房内计算机系统正常、稳定、高速地运行,确保各种数据信息安全可靠。为了更好地满足××市政务服务和大数据管理局今后业务发展和机构铺设的要求,需要将网络数据中心机房建设成 B 级标准机房,主要由机房精密空调机新风系统、机房模块化 UPS 不间断电源系统、机房供配电及照明系统、防雷与接地系统、弱电综合布线系统、机房门禁及视频监控系统、机房消防报警及气体灭火系统、机房封闭冷通道机柜系统、机房动力环境监控系统和视频监控系统构成。

9.3 时空大数据建设

9.3.1 数据采购

数据采购主要是指建设典型应用示范涉及的相关影像数据的采购,包括高光谱影像数据、高分辨率卫星影像数据和其他需要采购的卫星影像数据等的采购。

例如建设"绿水青山一张图"监测系统,涉及利用卫星、飞机以及地面传感器等方式,采集高频次多源遥感大数据,包括高光谱卫星遥感数据、亚米级高分辨率卫星遥感数据、雷达遥感数据、航空摄影数据、地面传感数据等。将采集到的多源数据进行处理、分析,得出与"绿水青山"要素(含自然资源、生态环境、农业农村、城市规划、交通管理、应急管理等领域)相关的专题应用报告,进而提供给相应的政府部门使用,为决策提供支持。

根据系统集成的不同行业部门对不同服务内容的需求,确定所需影像分辨率和监测周期,如表 9-1 所示。此部分数据可以根据需求采购获取,根据监测周期确定数据采购频率。计划采购 3 年,每年采购 2 期数据。

表 9-1　不同部门不同服务对数据采集的需求

部门	服务内容	采集影像分辨率/m	监测周期
生态环境	污染源监测	优于 2	每季度
	地表水环境监测	10	每月
	大气环境监测	50～500	每半月
	生态功能区划	优于 30	每半年
	应急响应	优于 10	机动
农业农村	农业资源动态监测	2～10	根据监测目的每月/每半月/每旬/每半年不等
林业	林业资源管理	1～10	根据管理对象每月/每季度不等
	绿地资源分布与调查	1～10	每月
水利	湿地资源监测	1～10	每季度
	防洪排涝监测	1～30	每季度
水务	排污监测	10	每月
交通运输	交通道路监测及维护	1～30	每季度
自然资源	土地利用/覆盖(变化)监测	1	每半年
	征收/批后土地利用监管	0.5～1	每半年
	地址灾害监测	1	灾前灾后
	矿区监测	3～30	每半年

9.3.2　数据采集

1. 城镇不动产数据整合

依据《不动产登记数据库标准》(TD/T 1066—2021)、《不动产登记数据整合建库技术规范》(TD/T 1067—2021)以及《不动产权籍调查技术方案(试行)》(国土资发〔2015〕41 号)等不动产相关标准和技术规范,更新扩充建设全市城镇不动产数据和农房不动产数据,建立符合不动产登记数据库标准的数据分层级属性标准等要求的不动产登记信息数据库,为不动产登记及相关行业提供数据支撑和数据服务。

2. 农房补充调查数据

在宅基地使用权和集体建设用地使用权登记调查成果的基础上,调查房屋产权状况、房屋现状,测量房屋的房角点和丈量房屋边长,量算房屋面积,并将房屋调查成果记载在房屋调查表中,以此形成农村房屋房、地一体的调查和测绘成果,结合"两权"调查成果形成农村地籍调查和农房调查为一体的农房调查、测绘成果数据库。最终,充分利用农房调查、测绘成果完成全域农村房屋登记发证工作。

3. 基础地理空间数据

基础地理空间数据主要包括 DLG 数据、DOM 数据、DEM 数据、地名地址数据等及其元数据。其中,DLG 数据主要包括 1∶500、1∶2000、1∶10 000、1∶50 000 共 4 种比例尺的数字线划图;DOM 数据包括 0.2m 和 0.4m 两种分辨率,比例尺均为 1∶2000;DEM 数据主要是 1∶2000、1∶50 000 两种比例尺;地名地址数据主要包括行政区域地名、街巷名或小区名、标志物名、兴趣点名或门(楼)址等点位数据,以及乡镇、街办、行政村政府驻地。

4. 实景三维数据采集

传统三维建模通常使用 3dsMax、AutoCAD 等建模软件,基于影像数据、CAD 平面图或拍摄图片估算建筑物轮廓与高度等信息进行人工建模。这种方式制作出的模型数据精度较低,纹理与实际效果偏差较大,并且生产过程需要大量的人工参与;同时数据制作周期较长,造成数据的时效性较低,因而无法真正满足用户需要。

倾斜摄影测量技术以大范围、高精度、高清晰的方式全面感知复杂场景,通过高效的数据采集设备及专业的数据处理流程生成的数据成果,可直观反映地物的外观、位置、高度等属性,为真实效果和测绘级精度提供保证。同时有效提升模型的生产效率,采用人工建模方式 1~2 年才能完成的一个中小城市建模工作,通过倾斜摄影建模方式只需要 3~5 个月时间即可完成,大大降低了三维模型数据采集的经济代价和时间代价。目前,国内外已广泛开展倾斜摄影测量技术的应用,倾斜摄影建模数据也逐渐成为城市空间数据框架的重要内容。

5. 地理空间专题数据

地理空间专题数据主要包括行政区划空间数据、居民地及设施空间数据、道路及路网空间数据和水系及水体空间数据。其中,行政区划空间数据包括省级行政区划数据、市级行政区划数据、县级行政区划数据、乡(村)级行政区划数据和其他区域数据;居民地及设施空间数据包括居民地、工矿及其设施、农业及其设施、公共服务及其设施、名胜古迹、宗教设施、科学观测站、其他建筑物及其设施等数据;道路及路网空间数据包括铁路、公路、城市道路、乡村道路、航道、道路构造物及附属设施、水运设施、空运设施、其他交通设施数据;水系及水体空间数据包括河流、沟渠、湖泊、水库、堤、水系附属设施及其他水系要素。

6. 人口法人数据

本次项目计划将人口、法人大数据资源整合起来,形成城市统一的人口、法人(机构)大数据库,为社会建设、城市管理和公共服务提供精准的数据信息支撑。

其中,人口库信息包括人的基本信息、社保信息、教育信息、工作经历、公积金信息、婚姻信息、子女信息、社会关系信息、房产信息、车产信息等,主要记录了人从生到死的主要信息。法人库信息包括法人的基本信息、股东信息、税务基本信息、企业年检信息、社保缴纳信息、公积金缴纳信息等相关信息。人口库和法人库建成后,将为各级政府的科学决策和公共行政管理提供支撑。

7. 信用信息数据

信用信息是指企业和个人在其社会活动中所产生的、与信用行为有关的记录,以及有关评价其信用价值的各项信息。公共信用信息主要归集于该行政区域内各级政府机关、事业单位、社会团体,在行政管理、公共事业管理与服务过程中产生或采集的各类与社会法人、自然人信用相关的信息记录。本期平台建设将通过各级部门推送、采集的方式,形成一套覆盖较全面、塑造较清晰的社会诚信数据体系。

8. 政务资源共享数据

本期平台建设的一个目的是利用大数据技术系统性整合、开放与共享数据资源,在横向和纵向上与各市(县)、乡镇、村级政府部门打通数据通道,建立数据推送和数据交换策略与渠道,促进不同部门间的政务数据融合、共享,进而有效降低行政成本、提升行政效能,助推"放管服"和行政体制改革,为智慧政府建设提供重要的数据和平台支撑。

9. 电子证照数据

电子文件是信息时代政府管理、经济运行和历史传承的重要工具。电子证照作为具有法律效力和行政效力的专业性、凭证类电子文件,日益成为市场主体和公民活动办事的主要电子凭证,是支撑政府服务运行的重要基础数据。本期平台建设将推动不同政务部门电子证照的汇聚,建设统一、集中的电子证照数据库,实现跨层级、跨部门、跨区域的电子证照互认共享,推动证照类政务信息资源整合共享等。

10. 物联网实时感知数据

通过物联网智能感知的具有时间标识的实时数据,其内容包括采用空天地一体化对地观测传感网实时获取的基础时空数据、依托专业传感器感知的可共享的行业专题实时数据及其元数据。其中,实时获取的基础时空数据包括实时位置信息、影像和视频等数据,行业专题实时数据包括交通、环保、水利、气象等监控与监测数据。

11. 互联网感知数据

根据不同任务需求,采用网络爬虫等技术,通过互联网在线抓取完成任务所缺失的数据,通过互联网在线抓取数据模型实现存储、管理和分析,主要包括互联网影像地图、地名地址数据、交通拥堵数据和舆情发现数据。互联网影像地图指通过百度、高德或其他电子影像地图获取的电子影像地图数据;地名地址数据指抓取的在线地名地址数据;舆情发现数据主要指通过抓取某新闻事件信息和关键位置描述信息,与地名地址建立空间关联,从而支持在地图上查询显示。

9.3.3 数据接入

1. 系统及设备对接

按照智慧城市时空大数据平台服务接口规范,开发相应的数据接口,直接与数据提供部门的应用系统数据库进行对接,从对方数据库抽取数据,或由对方直接推送数据至平台数据库,不用配置硬件,数据交换环节少、效率高,更新及时。

2. 前置数据库推送

在政务外网或数据提供部门设置一台前置机服务器(含数据库),严格遵循智慧城市时空大数据平台服务接口规范,按照标准的数据结构和约定的数据更新周期,组织和准备相关数据。由数据提供部门通过数据同步、数据推送的方式将相关数据提供至前置机数据库,平台数据库从前置机数据库提取数据。

3. 在线填报

按照统一提供的标准模板,数据提供部门进行线下数据采集和整理,通过在线录入或者批量导入模板的方式,将相关数据接入平台数据库。

4. 数据资源申请

通过智慧城市时空大数据平台申请空间地理与政务服务相关的资源目录使用权限,订阅所需的相关数据字段,由大数据服务平台进行定期数据推送和更新。

9.3.4 数据建库

1. 建设内容

1)城镇不动产登记数据库

对于已建成的数据库,先依据土地、房产、林业等现行的相关标准进行标准化、规范化后,再依据《不动产登记数据库标准》,建立映射关系模型,对已有的登记信息补充完善后,转换形成符合《不动产登记数据库标准》要求的不动产登记数据库,为不动产登记信息基础管理平台的运行提供数据支撑。

2)农房补充调查数据库

在宅基地使用权和集体建设用地使用权登记调查成果的基础上,调查房屋产权状况、房屋现状,测量房屋的房角点和丈量房屋边长,量算房屋面积,并将房屋调查成果记载在房屋调查表中,以此形成农村房屋房、地一体的调查和测绘成果,结合"两权"调查成果形成农村地籍调查和农房调查为一体的农房调查、测绘成果数据库。

3)基础地理空间数据库

基础地理空间数据库用于存储管理平台的基础地理信息,是存储平台核心基础数据的静态数据库,主要包含 DLG 数据库、DOM 数据库、DEM 数据库和地名地址数据库。数据库按一定规则分层、区、块组织,并按要素分类编码标准进行编码。地名地址数据库主要用于为空间专题数据库提供数据支撑。

4)实景三维数据库

实景三维数据库支持上传倾斜摄影三维模型、激光点云、正射影像、数字高程模型及矢量数据等多种类型地理空间数据,满足业务系统对三维模型、DOM、DSM、DEM 等数据成果在线发布和共享的需要。在业务场景中,可加载多个地理项目数据,并使用标绘、编辑、分析等功能,可提供数据叠加分析、空间量算、通视分析和可视域分析等三维场景基础分析能力。

5)地理空间专题数据库

地理空间专题数据库是基于基础地理空间数据库建立的,用于存储各种基础地理要素,主要包括行政区划空间数据库、居民地及设施空间数据库、道路及路网空间数据库和水系及水体空间数据库。

6)人口法人数据库

将建设以公民身份证号码、组织机构代码为唯一标识的人口数据库和法人(机构)数据库,整合相关部门的人口、法人(机构)数据,对数据进行清洗、关联、对比,实现数据库的动态更新,建立起规范化的管理方法和数据空间关联的逻辑策略。

7)信用信息数据库

信用信息是指企业和个人在其社会活动中所产生的、与信用行为有关的记录,以及有关评价其信用价值的各项信息。因此本期建设将汇集个人信用信息数据和企业法人信息数据,对外统一提供信用信息的发布,为实施政府决策与公共管理提供信用信息支持,也将面向社会提供信用信息的查询服务。

8)政务资源共享数据库

建立政务材料共享数据库,就是为统筹各政府部门的信息材料资源的规划、管理、交换和使用建立有序的政务信息资源共享机制,为各资源使用对象提供资源、材料的检索、定位与获取服务。为保证数据良好的鲜活性,需要建立各委办局到数据库之间的数据双向同步更新机制,实现双向同步互动。

9)电子证照数据库

为更好地支撑××市政务数据共享开放,推动跨部门证件、证照、证明的互认共享,实现政务"一站式"服务的建设,因此提出建设电子证照数据库,实现电子证照数据的互联互通、集中统一,提高证照信息利用率,增强政府的公共服务能力,提高公众对政府政务服务的满意度。

10)物联网实时感知数据库

建立物联网实时感知数据库,存储和管理采用空天地一体化对地观测传感网实时获取的基础时空数据和依托专业传感器感知的可共享的行业专题实时数据,服务于交通、环保、水利、气象等的监控与监测。

11) 互联网感知数据库

互联网感知数据库用于存储通过互联网在线抓取的互联网影像地图、地名地址数据、交通拥堵数据和舆情发现数据等。

12) 运维管理数据库

运维管理数据库用于存储和管理平台中的用户信息、机构信息、角色信息、权限信息等，同时也用于空间地理服务信息的发布与查询，主要包括服务详情和服务类型信息、服务查询字段等。

13) 元数据库

元数据库按照大数据服务平台数据规范和服务标准规范，存储相关数据的说明信息，对所有数据进行统一的管理。通过建立元数据库，进行元数据的管理维护、元数据备份，并驱动平台数据库的关联和运作，方便数据的检索。

2. 概念设计

概念结构设计是时空数据建库设计的起点，通过对错综复杂地理空间数据的概括与抽象，最终形成能够充分描述现实世界的概念数据模型。本项目采用自底向上的方法，对时空大数据平台数据体系所包含的各类数据分类、概况、抽象，形成符合项目需要的概念结构，为数据中心逻辑结构设计和物理结构设计奠定坚实基础。

3. 逻辑设计

系统数据库的逻辑结构设计把系统数据库的需求分析阶段所得到的需求数据抽象为信息世界的结构模型，并有效地组织起来。对时空大数据平台数据建库的数据内容、数据类型和数据库的应用等方面的差异进行分析，确定时空数据库的逻辑结构(图9-13)。

在逻辑结构设计中，对于空间数据和非空间数据这两种不同格式的数据组织分别如图9-14所示。

4. 物理设计

1) 空间数据库存储设计

逻辑设计是空间数据在用户和应用中的表现形式，而物理设计主要是空间数据在存储介质中的存储方式。涉密版时空数据库空间数据主要采用 ArcSDE 空间数据引擎＋ORACLE 关系型数据库、文件库(数据实体)＋ORACLE 关系表(编目信息、政务数据信息)的方式存储(表9-2)。

2) 非空间数据存储设计

非空间数据亦是时空数据库中的一个重要的组成部分，其存储方式和表结构设计也是一个非常复杂的工程。而非空间数据存储又分为关系型数据存储和非关系型数据存储。

9 案例实践——××市智慧城市时空大数据平台

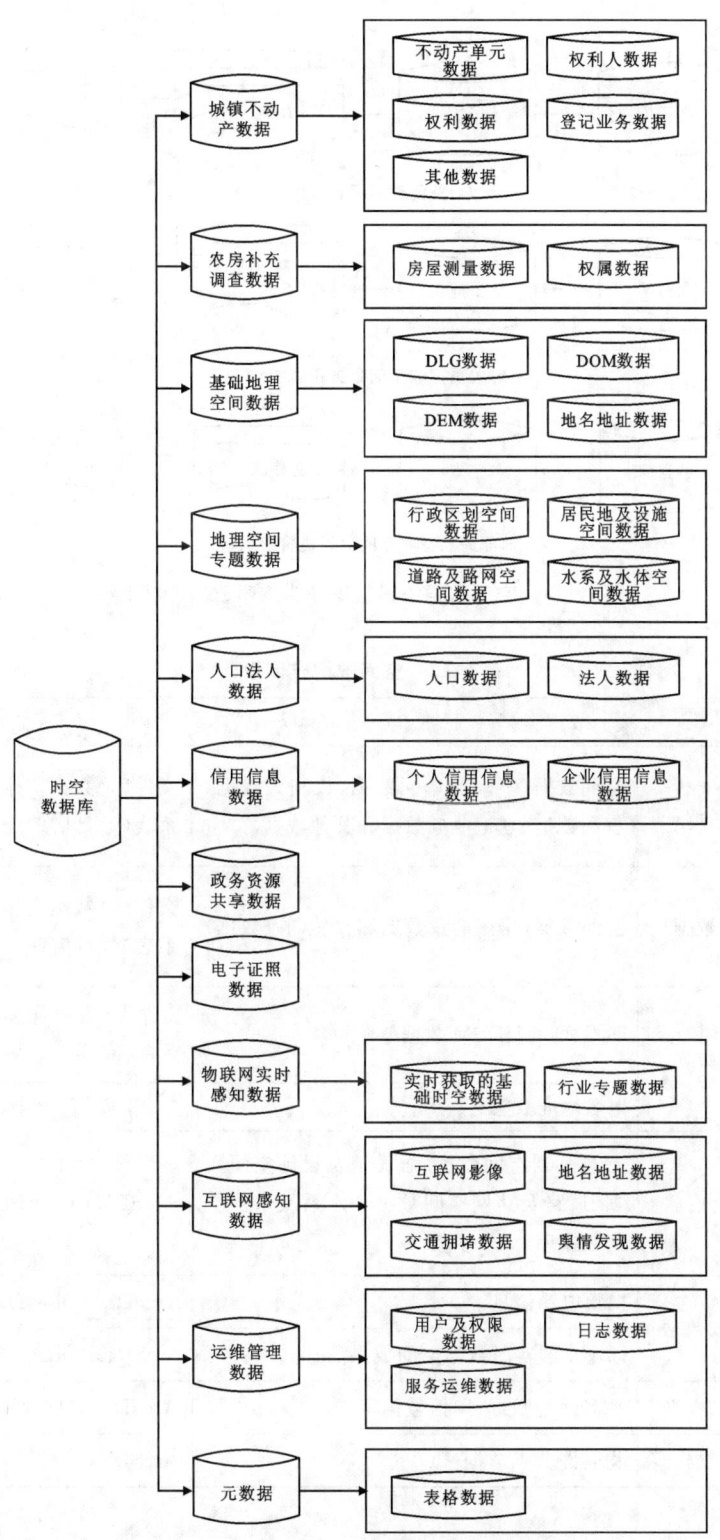

图 9-13 涉密版时空数据库逻辑结构设计

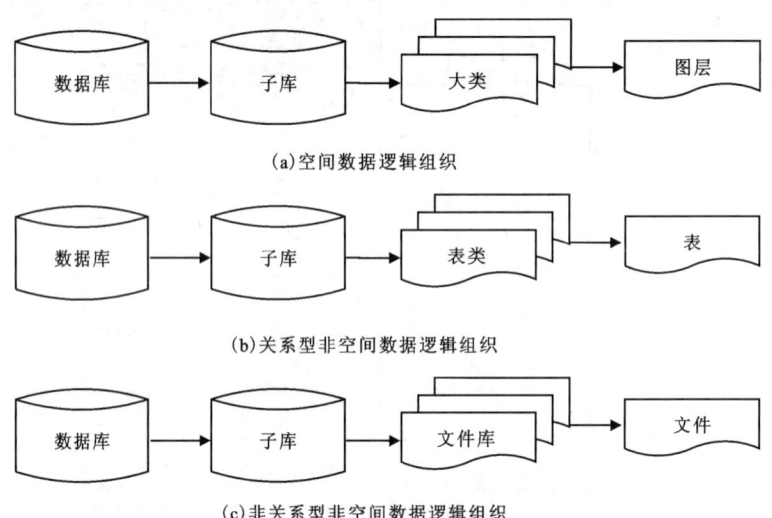

图 9-14 空间数据逻辑组织和非空间数据逻辑组织

表 9-2 空间数据存储设计

数据类型		存储方式
城镇不动产数据	空间数据（不动产单元数据、权利人数据、权利数据、登记业务数据和其他数据）	文件库（数据实体）+ORACLE 关系表（编目信息）+ArcSDE
农房补充调查数据	空间数据（房屋测量数据和权属调查数据）	文件库（数据实体）+ORACLE 关系表（编目信息）+ArcSDE
基础地理空间数据	DLG、DOM、DEM 数据	文件库（数据实体）+ORACLE 关系表（编目信息）+ArcSDE
	地名地址数据	ArcSDE+PostgreSQL
地理空间专题数据	行政区划空间数据、居民地及设施空间数据、道路及路网空间数据和水系及水体空间数据库	ArcSDE+ORACLE
物联网实时感知数据	视频位置信息	ArcSDE+ORACLE
	行业专题实时数据空间成果	ArcSDE+ORACLE
互联网在线抓取数据	地名地址数据、舆情数据	ArcSDE+ORACLE（或数据表）
物联网节点数据	物联网节点数据	ArcSDE

(1)关系型数据存储。关系型数据主要采用 ORACLE 关系型数据库存储(表 9-3)。

表 9-3 非空间关系型数据存储设计

数据类型		存储方式
城镇不动产数据	非空间数据(不动产单元数据、权利人数据、权利数据、登记业务数据和其他数据)	ORACLE 关系表
农房补充调查数据	非空间数据(房屋测量数据和权属调查数据)	ORACLE 关系表
人口法人数据	人口数据、法人数据	ORACLE 关系表
信用信息数据	个人信用信息数据、企业法人信息数据	ORACLE 关系表
政务资源共享数据	政务材料	ORACLE 关系表
电子证照数据	电子证照数据	ORACLE 关系表
物联网感知数据	视频动态数据编目信息	ORACLE 关系表
	行业专题实时数据的业务数据	ORACLE 关系表
互联网在线抓取数据	互联网影像地图、地名地址数据、交通拥堵数据和舆情发现数据	ORACLE 关系表
运维管理数据	全要素高精度导航一张图运维库:图层、用户、菜单、权限管理	MySQL 关系表
	用户、权限、日志、服务	ORACLE 关系表
元数据	时空元数据信息	ORACLE 关系表

(2)非关系型数据存储。非关系型数据主要采用 MongoDB、Redis、文件库等进行存储(表 9-4)。

表 9-4 非空间非关系型数据存储设计

数据类型		存储方式
政务资源共享数据	政务材料	文件库
物联网感知数据	实时位置数据	MongoDB 非关系数据库和 Redis 缓存库
	影像数据	文件库
	视频动态数据	文件库(数据实体)
互联网在线抓取数据	互联网影像地图	文件库

9.4 时空大数据平台建设

9.4.1 时空大数据能力平台

时空大数据能力平台采用云计算、大数据、物联网等先进技术,整合集成基础时空数据、公共专题数据、物联网感知数据、互联网在线抓取数据和本地特色数据,采用实用数据引擎建设多节点时空数据管理系统,形成时空大数据,基于云中心的服务资源池、服务引擎、业务流引擎、地名地址引擎,面向不同场景构建桌面平台和移动平台,并在自然资源管理服务、智慧公安、智慧社管等重点领域积极开展示范应用。

具体来说,本期时空大数据能力平台建设包括时空数据 ETL 工具、时空数据管理系统、图库一体化系统、CGCS2000 坐标转换系统、遥感影像管理、数据共享系统、按需出图系统、云中心建设、桌面平台、移动平台等的建设和升级。

1. 时空大数据管理

1)时空数据管理系统

时空数据管理系统针对时空数据来源广、数据种类杂、数据分析处理需求高等特点,基于时空云设施对多维、动态、异构的多种时空数据进行高效管理、查询检索与服务。本软件套件针对不同类型数据的特性,设计采用不同的数据引擎做支撑,并设计通用的公共数据查询管理服务,配合多种时空数据展示技术,实现对基础地理信息数据(包括二维和三维空间数据)、典型传感器动态数据(包括视频数据、原位传感器及 GPS/北斗定位数据)、政务基础数据等,进行数据的提取与入库操作,建立时空索引,并进行多层次、多模式的检索,实现各类数据库间的高效访问与跨库联合检索。

时空数据管理系统主要包括空间数据管理、三维数据管理、政务数据管理、元数据管理、服务化接口封装、系统配置管理、高性能分布式存储等模块的建设,系统功能结构如图 9-15 所示。

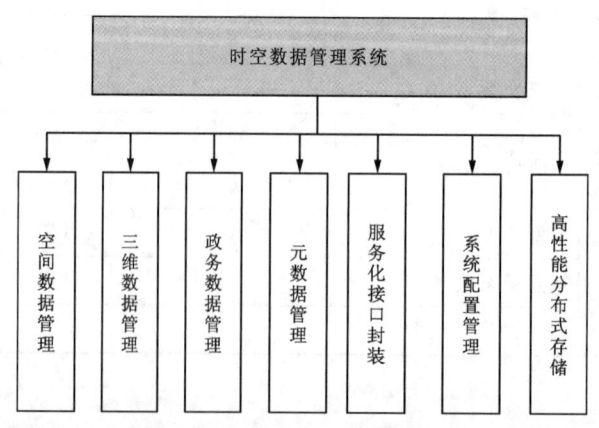

图 9-15 时空数据库管理建设模块

(1)空间数据管理。空间数据管理模块是在前期系统建设成果的基础上,实现业务功能层面的精细化拆分后的模块之一,采用 ArcGIS SDE 作为数据存储和管理的中间件,主要实现对空间数据的编辑、处理、管理等功能。该模块具体包括以下功能点:视图管理、Catalog 管理、数据导入、图层管理、数据查询、数据检查、数据处理、数据更新、地图编辑、数据导出、元数据管理、系统配置等。

(2)三维数据管理。三维数据管理模块是在前期系统建设成果的基础上,实现业务功能层面的精细化拆分后的模块之一,采用成熟的三维数据引擎中间件进行管理,主要实现对三维模型、地形及影像数据的处理、分析与管理等功能。该模块具体包括以下功能点:三维视图操作、三维图层管理、三维分析、三维数据入库、三维数据更新、三维数据编辑、三维导出、三维数据发布、系统配置等。

(3)政务数据管理。政务数据管理模块是在前期系统建设成果的基础上,实现业务功能层面的精细化拆分后的模块之一,采用 ORACLE 商业数据库进行底层存储和管理,主要实现对政务数据的入库、查询与导出等功能。该模块具体包括以下功能点:政务数据导入、政务数据查询、政务数据检查、政务数据导出等。

(4)元数据管理。元数据是由描述数据特征的元素组成的。通过这些元数据,人们可以方便地查找和使用所需的空间数据。元数据一般以结构化的形式来描述空间数据和数据集的内容、质量、表示方式、空间参考、管理方式和数据的其他特征。因此它也是实现空间信息共享的基础。为更好地利用这些元数据,本期项目将通过建设元数据库和元数据管理模块来提供元数据的采集、管理、维护与发布。

(5)服务化接口封装。前期建设的时空数据管理系统往往是一个二维、三维一体化的大型桌面端 C/S 版数据管理系统,管理的数据无论种类还是数据量都很庞大,业务功能模块也多。通过对其核心业务功能模块的梳理,将其封装成服务,可供其他子系统如省级时空数据管理系统、数据共享系统访问调用,获取其数据资源和业务应用等。

本期项目将进行服务化接口改造的功能服务主要包括时空数据目录服务、数据源服务、导入/导出服务和时空数据浏览服务等。它们的主要功能如下:①时空数据目录服务主要实现对时空数据目录树的访问功能。②数据源服务主要提供依据一定过滤条件获取时空数据库中不同类型的数据,主要包含矢量数据源服务、栅格数据源服务、动态数据源服务、政务数据源服务、服务类型数据源服务。③时空数据导入服务主要实现矢量数据、影像数据等导入目标服务器的功能;而导出服务主要实现依据一定过滤条件获取时空数据库中不同类型的数据导出。④时空数据浏览服务主要针对不同数据特点,提供不同的数据浏览服务。

(6)系统配置管理。

目录树配置优化。目前时空数据管理系统启动时,加载了数据管理目录树配置文件,当图层树节点很多且个别节点需调用服务动态获取,影响了系统的启动速度,数据目录树控制图层的可见性,与 ArcGIS 的目录树控件不同步,勾选多个目录节点时,系统存在加载缓慢状态。本期升级任务在原来建设的基础上,优化系统启动时,加载目录树的速度,控制目录节点勾选,并使其与 ArcGIS 的目录树控件同步。

数据源配置优化。目前的数据源节点配置模块对数据源为关系数据库的配置支持较好，文件类型节点配置比较混乱，不支持 CAD 数据类型节点的配置，而且配置比较繁琐，数据节点较多时常出现加载慢、损坏配置文件等问题，配置结果为 .xml 格式的文件，其他系统无法直接读取。本期升级任务在保留原有配置文件的基础上，优化数据源节点配置功能，支持多源、多节点数据配置，同时使用 MySQL 数据库存储数据源配置，支持多应用共享同一配置信息。

用户权限管理优化。用户管理系统为时空大数据平台提供统一的用户、权限、认证等用户管理体系。本项目作为时空大数据平台的子模块，用户授权也不例外。由于用户管理体系的升级，本项目主要在原有的基础上，与升级后的用户管理系统进行对接，主要对接模块如下。

用户登录授权对接：项目启动时，通过调用用户管理模块提供的授权验证服务，对用户身份进行验证，授权后才能登录系统。

系统功能授权对接：在用户管理系统模块，依据角色对时空数据库管理系统的功能列表进行配置。用户登录验证通过后，依据用户管理模块返回的用户功能清单，与时空数据库管理系统的插件清单进行匹配比对，加载相应的系统功能菜单等。

功能服务授权对接：对于调用其他模块服务的功能，包含动态数据展示、新型数据展示等，当用户操作该功能时，增加用户授权验证的过程等。

数据操作授权对接：用户进入系统时，提供对用户数据操作方面的权限控制，主要包含数据目录树操作、展示控制、数据输出模块控制等。

(7) 高性能分布式存储。在前期建设版本中，时空数据多存储在单节点的 ArcSDE for ORACLE、Redis 库、MongoDB 中，一方面数据来源不够丰富，另一方面数据负载能力也不能满足共享业务的需要。本期升级任务针对数据特点，结合实际应用场景，建立多节点数据库，使其能支持本地文件、PostGIS 的数据源，提高数据丰富性和负载能力。在日常使用中，系统将实现本地库和数据中心库两层概念。本地库是用户存储在本地文件路径下的目录，系统可支持设置文件路径节点，用户将数据文件存储在该节点路径下，即可被系统识别；对于数据中心的核心数据库，仍支持根据用户需要，选择相应的入库工具和数据引擎进行入库和管理。

2) 数据共享系统

在时空平台建设标准数据体系的过程中，多个单位或者多个部门，参与不同类型数据的生产和成果处理。在这个过程中，需要对平台的数据成果通过多种形式进行共享，以满足多部门参与数据生成建设的基础需要，打破以往多部门数据生成时对跨部门基础数据共享的壁垒。

为支持各专业部门对时空数据的共享使用，本期项目将建设数据共享系统。该系统可实现不同部门的专业用户对已入库的智慧城市时空数据进行目录查看、检索、展示、申请、下载等功能操作，并通过用户权限分级和功能分级，可精确控制用户对数据内容的访问和使用权限，确保数据与平台安全可靠。

数据共享系统的建设内容分为三大模块：数据同步共享建库、Web 端展示系统、后台管理系统 (图 9 - 16)。

(1) 数据同步共享。

①共享目录树创建。共享目录树是依据时空数据管理系统数据目录，通过调用数据目录服务，将数据资源共享目录导入数据共享系统的数据资源库。

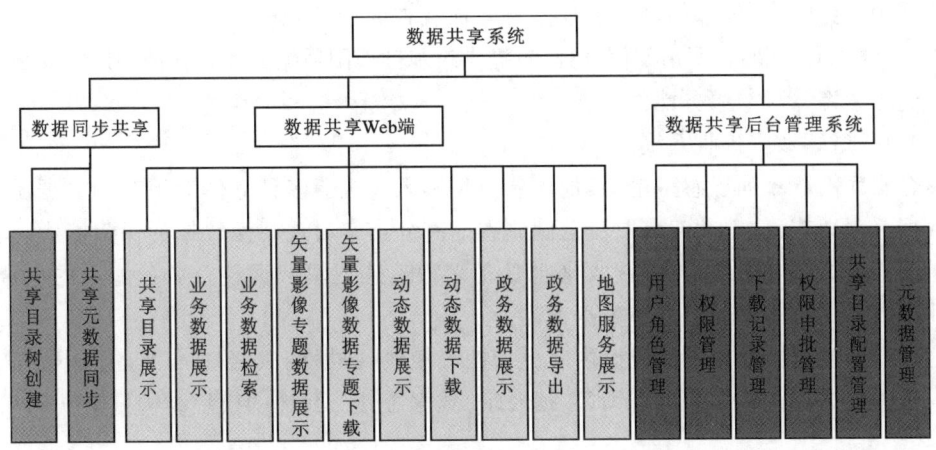

图 9-16 时空数据汇聚工具功能结构图

②数据同步。数据同步是针对时空数据管理系统数据源或者其他数据源,依据一定的数据资源标准,通过调用数据资源服务,将数据元信息录入数据共享系统的元数据库。

(2)数据 Web 端共享展示。数据 Web 端展示是为不同用户提供具有相应权限的时空数据资源检索、时空数据浏览、下载功能,同时提供用户注册、权限申请等功能。数据共享系统展示模块具有以下几个方面的功能。

①数据资源目录展示:提供数据共享目录的展示功能。

②时空数据资源展示、检索:提供基础的内网时空数据,包含矢量、影像、动态数据、政务数据、专题数据、服务等类型的元数据列表展示、检索过滤展示、详情展示。

③时空数据多样化展示:不同数据类型,展示方式也不相同,例如矢量数据详情展示采用图形结合的方式展示、政务数据采用表格的方式展示、动态数据采用列表的方式展示等。

④时空数据下载:依据当前用户的权限,判定时可以下载所选目标数据。不同数据类型,下载方式也不同,例如:矢量数据提供图层下载,下载格式为 .shp;政务数据下载格式为 .xls;动态数据下载格式为 .bson、.json、.shp 等。

⑤用户注册审核:通过调用用户管理中心的服务,提供数据共享系统用户注册功能,提供数据共享系统的权限申请功能。

(3)数据共享系统后台管理。数据共享系统为普通用户提供数据检索浏览服务,为专业用户提供数据检索下载导出服务。专业用户所能加载使用的数据,相比于普通用户也多很多,又相对具有授权使用和保密使用的性质,同时提供权限申请,下载记录功能。数据共享系统后台管理模块具有以下几个方面的功能。

①用户角色管理:提供基础的数据共享系统用户管理功能,包括用户的查询、添加、修改、删除等基本处理操作。

②角色管理。提供基础的数据共享系统角色管理功能,包括角色的查询、添加、修改和删除等基本处理操作。

③权限管理:针对角色提供对内网共享数据的权限配置;普通用户所能使用的基础数据

的配置管理;专业用户按部门进行授权全要素加载查询授权管理。

(4)资源访问控制:资源访问信息列表;提供对基础地图数据的配置管理和访问控制。

3)遥感影像管理与服务能力建设

(1)卫星遥感数据接收系统。

整合国家高分系列遥感卫星、其他遥感卫星和无人机等多种立体对地观测数据源,建设相应数据获取通道,建立动态获取覆盖湖北省的高分辨率对地观测数据的保障能力,构建多种卫星遥感数据接收系统,能够接收来自具备多种遥感卫星数据整合服务能力的单位提供的其他国内外高分辨率遥感卫星数据产品。

卫星遥感数据接收系统的建设内容分为四大模块:数据检索、数据订购、推送数据、数据提取。其中数据检索包括数据查询、数据展示、数据统计。具体的模块结构见图9-17。

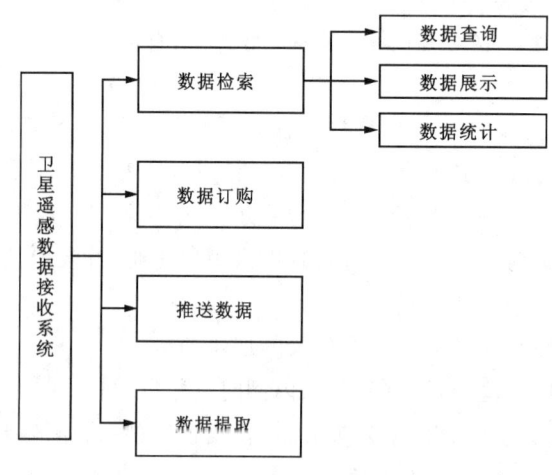

图9-17 接收系统模块结构

①数据检索。

数据查询:数据检索提供了北京二号卫星、WV01、WV02、WV03、WV03_SWIR、WV04、GE01、QB02、PHR1A、PHR1B、SPOT1、SPOT2、SPOT3、SPOT4、SPOT5、SPOT6、SPOT7、GF1、GF2、GF3、GF4、ZY301、ZY302、HJ-1A和HJ-1B等多种卫星数据的查询,查询方法包括快速导航(提供了行政区划快速输入定位和行政区划选择定位两种方式。默认情况下无行政区划选择)、空间筛选(系统查询必须选择检索区域,除行政区划定义检索区域外,还可自定义空间检索区域,空间区域筛选包括自定义区域和区域上传两种方式)、条件筛选(提供按照时相、卫星、高级筛选3种方式。时相指影像拍摄时间,可以手动选择影像时相范围,也可通过近一天、近一周、近一月、近一季、近一年等时间节点快速定位;卫星指卫星星源,并按照国内外进行分类,提供多种星源的检索)等,支持条件筛选的默认配置。

数据展示:对数据查询的结果进行展示。查询结果采用列表和地图两种方式进行展示:列表显示卫星、云量、倾斜角和时间;地图上采用绘制数据四至范围的方式进行展示。支持拖动覆盖范围至ON查看数据的整体覆盖情况,可以切换每页显示的数据条数,支持将快视图直接贴图到地图上。

数据统计：主页提供对系统内已有数据的统计，包括最近 7 天的归档统计情况，系统中各数据累计统计情况。

②数据订购。

数据检索模块为用户提供多种筛选条件检索数据，并支持列表查看。其中筛选条件有行政区域、上传 SHP/KML 文件、多边形框、矩形框、输入经纬度数值、中心经纬度数值、数据景编号，还有高级筛选（云量、侧摆、星源）。

数据订购模块为用户提供支持存档和编程两种订购方式。对已经提交的订单可以实时跟踪状态信息，包括审批状态、生产状态和数据的推送状态等，数据中心管理人员可以通过订单会商功能进行沟通；在查询结果页面点击每行数据的订购按钮，或者选中数据后点击订购存档按钮，可以进行存档数据订购，系统自动生成订购方案，提示订购的面积数和数据占比情况，在订购方案页面点击提交订单，并在订单确认页面填写订单参数，提交后即可完成存档数据的订购。

编程订购方式与存档订购方式的最大不同是该方式能够以预定的方式订购数据，但是最终依旧以存档的形式存在。

③推送数据。

可以按照关键词、资源目录、标签和高级 4 类方式，快速查询、定位已推送到服务机顶盒的卫星遥感数据。关键词，可以输入日期、卫星名称等条件进行数据的查询。

资源目录，按照数据推送时间、数据拍摄产品时间、数据产品类型等自动进行数据资源的编目，方便用户快速查询、定位数据。

标签，用户可以通过自定义标签方式，将数据与标签进行绑定以避免数据的重复查询。

高级条件查询，可以根据空间（支持手动绘制多边形、矩形，上传矢量，选择行政区划等多种方式定位空间）、时间、云覆盖度等条件进行数据查询，方便用户精确查询。

查询结果在页面右侧列表展示，地图上能显示数据的覆盖情况，可以将快视图直接叠加到底图上进行展示，点击"详细"链接可以查看数据的详细信息，包括数据的快视图、元数据信息和空间位置。

④数据提取。

数据提取模块可通过"数据提取"功能将服务机顶盒中的数据快速提取到 USB 外接存储中，支持选中提取和全部提取两种方式。在查询结果列表中选择要提取的数据，点击"选中提取"链接即可将选中的数据加入待提取数据列表中；点击"全部提取"链接，即可将查询结果中所有数据加入待提取列表中。

（2）影像数据管理系统。

为实现对海量影像数据的科学、高效的管理和使用，以及储备大数据中心的建设，构建海量影像管理系统，不仅能满足盘活影像存档，最大限度发挥影像资产使用价值的需求，也可以提升中心对其他部门和应用单位的影像数据分发能力。

影像数据管理系统的建设内容分为九大模块：数据查询、统计分析、应用工具、数据入库、入库记录、消息管理、系统设置、共享服务、元数据制作工具。其中数据查询包括资源管理、标签、关键词检索、高级检索、资源展示、监控提取等；应用工具包括备份管理、存储管理、数据迁移、数据迁入、在线裁切等;共享服务包括服务门户、服务发布。具体的模块结构见图9-18。

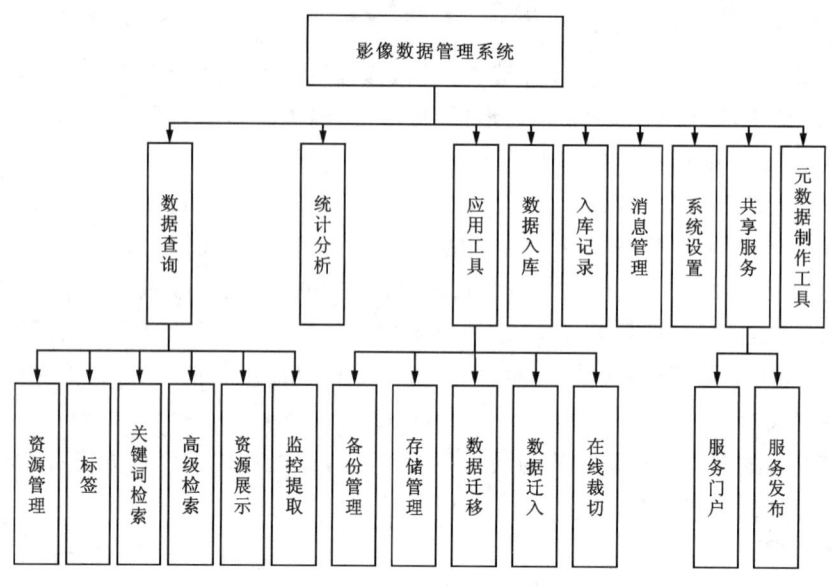

图9-18 管理系统模块结构

①数据查询。

资源管理:按产品类型、时间范围、时相分类和行政区划组织产品目录。点击分类节点时在地图中加载所有产品 POI 点(地理位置由产品中心坐标生成),并生成最优的地图显示角度[由所有 POI 点(POI>1)生成的最小外包矩形 BBox,地图通过调用 zoomToExtent 方法定位到 BBox,若只有单个点坐标,地图通过调用 center 方法定位到该点表示的空间位置];并在地图下方展示资源列表,当前页的产品在地图中高亮展示。

标签:在进入数据管理页面后,可以在左侧标签栏添加个人标签,通过点击已添加的标签,可以展示标签下收藏的产品列表。在资源列表后,点击查看资源详细,若为自己感兴趣的产品,可以绑定标签,每个资源最多可以绑定5个标签。点击左侧已绑定的标签可以展示它绑定的资源。

关键词检索:用户进入数据管理界面后,页面的左上角有输入框,支持关键词检索功能。在输入框内输入要检索的关键词,并选择输入框前检索关键词的类型,然后点击输入框后的"放大镜"检索图标即可进行关键词检索。

检索结果会以分页后产品列表的形式展示在地图下方,并在地图上显示当前页的产品位置。数据列表中针对每行产品,管理员可以定位、查看数据详细。

高级检索:进入高级检索页面后可以在左侧高级检索条件栏输入检索条件,然后点击"检索"即可实现高级检索。检索条件分为必选条件和可选条件。必选条件分为空间条件和时相条件。空间条件绘制查询空间区域支持地图拉框选择、多边形范围选择、行政区划选择和上传 shp 文件等方式。时相条件分为开始时间和结束时间,选择即可。产品类型不同,检索的可选条件也相对不同,如数据产品的可选条件为产品属性、影像分辨率、云量、侧摆角等;区域镶嵌产品的可选条件为分辨率属性条件,区域现状产品的可选条件为产品属性检索条件。检索结果以列表的形式分页展示。

资源展示:当查询出本地产品列表时,点击列表的"查看详细"时会弹出产品详细页面。产品详细页面分为基本信息模块、地图展示模块和元数据信息展示模块。基本信息模块会展示产品的基本信息参数,如产品名、产品时相、产品来源、发布时间、中心坐标等。地图展示模块会根据不同的产品类型展示该数据产品,并且提供相应的地图工具。元数据信息展示模块解析本地的元数据并组织展示,如果产品有附件图片也会在该模块展示。

监控提取:管理员可根据数据查询结果显示数据提取列表,列表中展示了数据提取的详细信息(包括数据提取状态、时间、数据量等),可以对数据提取列表进行删除和清空操作。

②统计分析。

可以按照数据产品、成果影像及信息产品的产品类型、时间、大小分别进行数据量、覆盖面积等条件的统计。

③应用工具。

备份管理:可支持对数据库的备份,且可根据已有备份文件对数据库进行数据恢复操作。

存储管理:存储管理显示所有数据存储目录,以文件方式进行管理,支持新增存储且可设置相关配额大小、设置存储规则、展示存储列表、对已有存储目录进行重新设置和删除操作。

数据迁移:管理员根据入库时间、影像时相、产品类型查出相应数据后,选择数据迁移的目标路径,迁出的结果可迁入目标目录下。首先查询要迁出的数据,然后单击"迁移",生成迁出文件。其中,离散式存储不支持数据迁出。

数据迁入:可帮助数据管理员快速迁入大量数据,包括批量迁入(数据格式一般为xx.datlist)和选择迁入。

在线裁切:可支持坐标裁切,以及用户利用该工具裁切自己的影像数据等。

动态转投影:投影转换工具可以支持对影像数据或者矢量数据进行坐标系的转换。

④数据入库。

数据入库可根据扫描类型(单次扫描、定时扫描)、存储方式(集中式扫描、离散式扫描)等对数据进行扫描入库。在扫描入库后,系统采用消息队列机制将数据入库情况推送到入库页面,达到实时监控的效果。

⑤入库记录。

入库记录分为全部、正在编目理中、成功记录、失败记录 4 种进行分类统计,可对入库记录列表进行详细查询、数据定位、删除操作。鼠标点击某条数据的状态图标会显示数据的入库情况(成功记录信息或失败原因)。

⑥消息管理。

消息管理可以支持实时展示数据入库情况相关信息,并且可以根据消息类型、已读消息、未读消息等进行分类查询,在数据入库类型的消息里可查看入库信息。

⑦系统设置。

数据管理员可以在系统设置中修改数据入库的临时目录和错误目录,临时文件目录用于存放已经通过检查、有待存储入数据库的临时文件,而错误目录用于存放入库失败、需要再次检查修改的数据。基本设置用来设置是否弹出数据入库时的消息弹框,以及系统关闭时是否退出程序。

⑧共享服务。

服务门户:系统以图片轮播方式在服务门户首页展示专题信息图片和摘要信息,用户可点击图片查看专题详情。

服务发布:当用户登录时,可点击进入数据查询模块,该模块包括数据目录、我的标签、快速检索、高级检索等。

用户在进入数据查询模块后,可在页面左侧资源目录的资源管理模块获取本地数据,把所有本地数据按时间范围、产品类型、时相和行政区划分类,分类后每条分类结果显示产品分类别名和产品总数量。

用户点击每条分类结果可以显示分页后的本地产品列表,并在地图上显示当前页的产品覆盖。针对数据列表中的每行产品,用户可以定位、查看数据详细或者下载产品。

⑨元数据制作工具。

数据入库前,需要进行数据元数据制作,方可进行数据入库管理。元数据制作工具从成果数据提供的相关文件中提取原始的元数据信息,参照成果元数据规范,生成符合规范的新元数据信息。新的元数据信息具有统一的命名方式,且原始的元数据文件保持不变。

4)遥感影像信息挖掘分析应用服务

随着城市建设的快速蓬勃发展,基础地理信息要素数据在城市建设中发挥的作用越来越重要。为了确保基础地理信息要素数据在城市建设中发挥作用,要求基础地理信息数据精确性高、完整性好、现势性强,基础地理信息要素数据需要不断更新。遥感大数据的蓬勃发展为基础地理信息要素更新提供了新的信息挖掘和科学发现手段。本项目针对目前不同数据源(主要涵盖开源的Landsat影像、全省时序的高分影像)、不同监测对象存在不同遥感影像数据制备和动态监测技术路线的特点,探讨并形成面向监测任务的海量遥感影像数据快速制备,以及利用遥感影像和现有基础地理信息数据进行湖北省自然资源动态监测的技术流程,并选取重点示范区域耕地要素、建设用地进行试验。研究耕地、建设用地变化检测方法,针对××市的地理位置和气候特点,以及遥感影像成像特点,分析表征耕地及耕地季节变化的典型特征,并结合时序基础信息完成疑似违规耕地、建设用地发现方法,最终形成相应的软件平台和技术规范。

遥感影像信息挖掘分析应用由文件管理、数据预处理、自然资源变化监测、耕地监测、建设用地监测几个模块组成,系统功能结构如图9-19所示。

(1)文件管理模块。

文件管理模块主要包括打开文件、显示操作、矢量编辑、影像裁剪、影像分析等功能。

①打开文件:打开文件模块提供本系统中文件打开相关操作,包括打开影像、叠加影像、影像另存为、视图内容导出、打开工程、保存工程、工程另存为、叠加矢量、保存矢量等功能。

②显示操作:显示操作模块提供窗口显示相关操作,包括拉框放大、拉框缩小、手动漫游、中心放大、中心缩小、自适应、设置显示分辨率等功能。

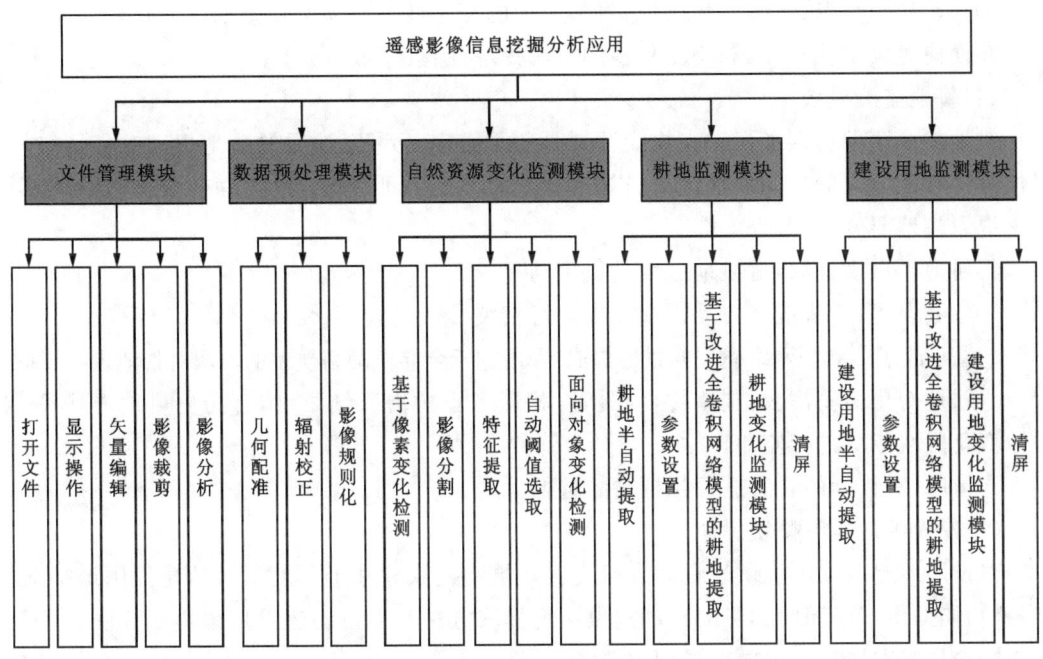

图 9-19 模块架构图

③矢量编辑：矢量编辑模块允许用户对矢量进行编辑操作，包括矢量导入导出、矢量要素增加、移动、编辑节点、删除、复制、粘贴、剪切、撤销、重做等功能。

④影像裁剪：用户打开影像并在影像上框定一定范围后，可以通过调用影像裁剪模块进行影像的真实裁剪。

⑤影像分析：用户打开两幅影像，对两幅影像的差异进行统计分析。

(2) 数据预处理模块。

数据预处理模块主要包括影像几何配准、辐射校正和影像规则化3个子模块。

①影像几何配准：影像几何配准模块主要功能是对两时期同区域遥感影像进行几何配准，包含对影像的粗配准和精配准，以减少几何误差对变化检测的误差。

②辐射校正：辐射校正模块的主要功能是对两时期同区域遥感影像进行相对辐射校正，以减少两时期影像的辐射差异。

③影像规则化：对图像进行影像裁剪、拼接、空间参考转换、位数转换、重采样、分块和图层通道选择等，其中空间参考转换、位数转换、图层通道选择模块是为了得到指定空间参考的、8bit BGR 波段排列的影像。

(3) 自然资源变化监测模块。

自然资源变化监测模块具备面向对象的变化检测与分析能力，可实现基于像素变化检测、多尺度影像分割与特征提取、自动阈值选取、面向对象变化检测等功能。

①基于像素变化检测：采用像素级之间特征提取、对比分析进行变化检测。

②多尺度影像分割：将影像分割为具有均质性的对象。

③特征提取：提取对象的光谱、纹理、几何形状等特征。

④自动阈值选取：选取变化阈值，将影像中的变化地物与非变化地物区分开来。

⑤面向对象变化检测：利用变化检测算法提取变化图斑。

(4) 耕地监测模块。

耕地提取菜单提供半自动人机交互耕地提取和基于深度学习的耕地提取功能，该功能提供基于深度学习的自动耕地提取方法和半自动耕地提取算法，以便高效快捷地从遥感影像中提取耕地要素。

①耕地半自动提取：对耕地区域进行手动提取。

②参数设置：对耕地半自动提取操作进行相关参数设置。

③基于改进全卷积网络模型的耕地提取：采用基于全卷积网络模型的算法对耕地进行提取。

④耕地变化监测模块：利用耕地在新时相影像上的提取结果，结合历史耕地专题图，对耕地变化区域范围进行监测。

⑤清屏：对目标的状态进行拉框清除选择。

(5) 建设用地监测模块。

建设用地提取菜单提供半自动人机交互建筑物提取和基于深度学习的建设用地提取功能，该功能提供基于深度学习的自动建设用地提取方法和半自动建设用地提取算法，以便高效快捷地从遥感影像中提取建设用地要素。

①建设用地半自动提取：对建设用地区域进行手动提取。

②参数设置：对建设用地半自动提取操作进行相关参数设置。

③基于改进全卷积网络模型的建设用地提取（建设用地里面的建筑物提取）：采用基于全卷积网络模型的算法对建设用地进行提取。

④建设用地变化监测模块（违章建筑物监测）：利用建设用地在新时相影像上的提取结果，结合历史建设用地专题图，对建设用地变化区域范围进行监测。

⑤清屏：对目标的状态进行拉框清除选择。

5) 地名地址管理系统

系统融合了测绘、规划民政、公安、工商等部门数据资源，利用了地理信息技术和分布式数据库技术，涉及地名地址、空间数据、GIS、网络分布式信息处理系统和大型数据库等复杂要素。系统设计除满足计算机软件工程的基本要求和原则外，还需实现地名地址分类标准化，民政、公安、工商、测绘等部门地名地址资源的整合。系统结合目前主流的二维和三维开发平台，实现地名地址要素与二维地理实体（房屋面）、三维地理实体（建筑模型）的一体化管理。系统应保证各类数据成果的安全高效存储和管理，并方便地名地址数据的入库、查询、分析统计。

2. 时空大数据治理

1) 时空数据 ETL 工具

时空数据 ETL 工具依托数据标准规范进行对多源异构时空数据的采集汇聚，形成"统一标准、共建共享、授权使用"的政府信息和社会信息交互融合的时空大数据资源体系。实现大数据背景下智慧××市信息化建设相关的空间数据、业务数据、物联网传感器数据、互联网数据等多源异构数据的全量全面汇聚,依托智能的数据采集、清洗、整合工具,实现数据融合,包括时空数据汇聚工具、时空数据融合工具和数据空间化工具。

(1)时空数据汇聚工具。

时空数据汇聚工具负责为时空数据库提供各类接入的数据源,包括动态传感数据接入、基础地理空间数据规范化导入、电子政务数据汇聚、互联网数据接入等子系统。时空数据汇聚工具主要在一套标准的插件框架下,完成对智慧城市各类型、各部门数据的汇聚处理。

时空数据汇聚工具主要包括地图展示、数据导入、数据处理、数据导出四大功能模块,系统功能结构如图9-20所示。

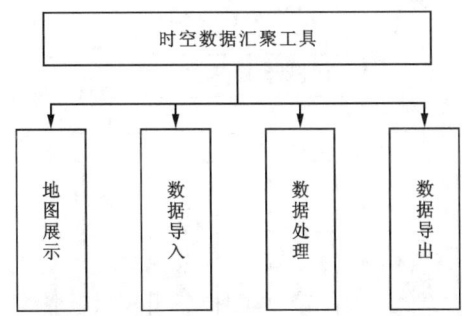

图 9-20 时空数据汇聚工具功能结构图

①地图展示。地图展示主要包括地图操作、数据查询功能,具体描述如下:地图基本操作支持用户对地图进行移动、放大、缩小等操作;数据查询支持用户对空间数据进行属性+空间的查询检索,对非空间数据进行过滤查询。

②数据导入。数据导入包括空间数据导入、属性数据导入和室内导航基础底图数据导入,具体描述如下:空间数据导入支持用户对行业空间数据进行入库操作,支持导入shp、CAD等一般类型的图形数据文件;属性数据支持用户对Excel或Access数据库等交换文件数据格式进行导入;室内导航基础底图数据导入支持用户将室内平面数据进行入库操作,支持导入shp、CAD等一般类型的图形数据文件。

③数据处理。数据处理包括坐标转换、格式转换、数据清洗、属性匹配和三域标识管理功能,具体描述如下:坐标转换支持用户对空间数据进行坐标系统的转换,支持常用的地理坐标系和投影坐标系,如WGS84、CGS2000等;格式转换支持用户将空间数据和非空间数据进行制定格式的转换操作;数据清洗支持用户发现并纠正数据文件中可识别的错误,包括检查数据一致性,处理无效值和缺失值等;属性匹配支持用户针对行业数据特点进行数据属性内容的映射处理;三域标识管理支持用户灵活管理数据的三域标识(时间、空间、属性)。

④数据导出。数据导出包括空间数据导出、属性数据导出,具体描述如下:空间数据导出支持用户将地理空间数据导出为shp、GDB文件数据库中;属性数据导出支持用户将属性数据内容导出到Excel、数据库(至少支持ORACLE、MySql数据库)等介质中;支持用户将导入后的室内导航基础底图数据按要求导出,满足室内导航基础底图数据基本要求。

(2)时空数据融合工具。

时空数据融合工具主要在一套标准的框架下,完成对智慧城市各类型、各部门数据的融合,形成一套融合处理的行业工具组件。在基础地理信息数据的基础上,通过数据加载、数据抽取、数据转换等建立行业地理数据实体框架,并与行业数据建立数据字段映射关系,完成数据融合流程。数据融合工具在数据处理工程中形成一套接口规范和数据流转规范,针对不同行业需求,开发不同的组件应用,通过工具的统一接口和数据规范进行扩展调用完成相应行业的数据融合需求。

时空数据融合处理工具主要包括工具箱管理模块、融合流程处理模块、行业融合处理模块、融合作业管理模块等部分,系统功能结构如图9-21所示。

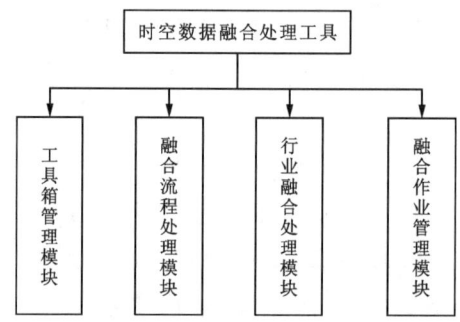

图9-21 数据融合处理工具模块

①工具箱管理模块。

工具箱管理模块是将各种对数据的操作集成到某种特定的工具中,当数据融合流程中需要该操作时,将其加载到工程中,并对数据进行处理,最终输出需要的数据结果。融合工具箱中的工具是数据融合处理的基础,可以通过对工具箱中的工具进行配置管理,形成适合各种行业的数据融合处理工具。

②融合流程处理模块。

融合流程处理模块提供融合处理流程的新建、可视化编辑流程、工具参数设置等功能。

③行业融合处理模块。

行业融合处理流程:提供根据行业融合处理规范定义的,包括国土、农经、规划、水利、交通、公安等行业融合处理的标准流程。

④融合作业管理模块。

融合作业管理模块包括作业管理和作业运行两部分。

作业管理:提供将现有的融合处理流程转换为作业处理模板,并提供基本信息查看和作业参数设置。

作业运行:提供独立的作业运行环境,对作业模板按照规则设置输入,并定时执行,输出结果和日志。

(3)数据空间化工具。

数据空间化工具面向测绘、国土、公安、农业、城管社管等不同行业的非空间专题数据,解决行业业务专题数据上图问题。对行业部门的非空间专题信息及不同数据格式(如Excel、数据库表、JSON、XML等),提供多种方式的自动和半自动空间化手段,包括基于空间映射表和基于地名地址服务引擎的专题信息空间化工具,以及对行业没有空间描述的专题信息提供简单信息上图标记服务功能。

数据空间化工具主要包括业务数据加载模块、空间映射表空间化模块、地名地址匹配空间化模块、手动标注空间化模块等部分,系统功能结构如图9-22所示。

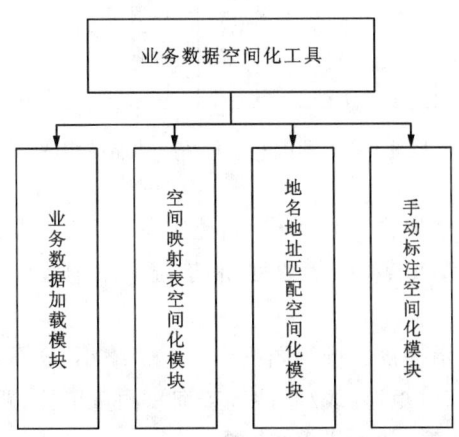

图9-22 业务数据空间化模块划分

(1)业务数据加载模块。

①业务数据加载:支持对通用的业务数据的存储格式,包括Excel、CSV、XML、JSON等,进行解析加载。

②业务浏览展示:支持加载后业务数据列表的展示、查询等。

③业务数据编辑:支持对加载的业务数据进行编辑、修改、删除等。

(2)空间映射表空间化模块。

①空间映射表管理:提供对基于地图的空间映射表编辑功能,包括空间映射名称的添加、删除、修改等。

②空间映射匹配:提供对业务数据的属性映射字段设置、输出设置、映射匹配和处理功能。

(3)地名地址匹配空间化模块。

①地名地址匹配设置:包括地名地址匹配服务设置、匹配提取精度设置等。

②地名地址匹配搜索:提供对业务数据地名地址搜索字段设置、输出设置和搜索匹配等功能。

(4)手动标注空间化模块。

手动标注空间化模块提供底图加载、业务数据地图位置标注等功能。

2)图库一体化系统

在图库一体化管理中,图即为CAD图形数据,库即为GIS空间数据库。图库一体化管理能够实现CAD图形数据与GIS空间数据库的统一,实现两种不同数据需求的快速切换和处理。

图库一体化系统主要包括工程管理、地图展示、数据处理、地图编辑和数据导出等部分，系统功能结构如图9-23所示。

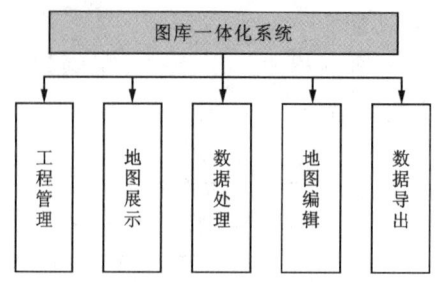

图9-23 图库一体化系统功能结构图

(1)工程管理。工程管理提供工程操作(新建工程、打开工程、保存工程、另存为等)、数据操作(导入 DWG/SHP/MDB/GDB 等数据)和检查方案配置(配置检查规则、配置检查方案等)功能。

(2)地图展示。地图展示提供二维视图操作(放大、缩小、全图、前一视图、后一视图等)、二维数据查询(多边形/点/圆/矩形/线/属性等查询)、测量定位(距离测量、面积测量、定位、清除结果等)和窗口(日志查看、状态栏等)功能。

(3)数据处理。数据处理提供业务定制(工程规则配置、工程方案配置、加载图层等)、检查操作(执行检查、执行方案处理、显示悬挂点、显示属性表、显示错误表等)、批量处理(消除重点、消除小面积、修复面重叠等)和转换(线转面、共线剔除等)功能。

(4)地图编辑。地图编辑提供编辑(开启编辑、结束编辑、保存编辑、捕捉设置等)和编辑工具(选择/移动要素、绘图、增加/删除点、切割面等)功能。

(5)数据导出。数据导出提供二维数据导出(矢量图幅提取、矢量多边形提取等)和栅格数据导出功能。

3)CGCS2000 坐标转换系统

软件支持北京 54、西安 80、国家 2000 坐标系互转及换带；支持 CAD、影像、DEM、MDB、GDB、shp 等格式；支持单点、批量转换，软件轻量型，不依赖第三方软件(如 CAD、ArcGIS)，转换效率高；支持数据量大的影像数据，如单幅 30GB 的影像普通 8G 内存计算机处理约 15min；一般软件在 CAD 数据坐标转换时，很多情况下存在无法处理的问题，我们针对 CAD 处理进行优化，可以直接输入和输出 CAD 文件，对于规划绘图不标准的问题图件，大概可以处理 99%，绝对优于 ArcGIS 的处理能力。界面设计简洁，操作简单。

CGCS2000 坐标转换系统主要包括转换参数计算、坐标参数转换和坐标投影换带等部分，系统功能结构如图 9-24 所示。

(1)转换参数计算。支持四参数计算、正形变换计算、七参数计算。

(2)坐标参数转换。提供单点转换、shp 文件转换、CAD 文件转换、影像转换、DEM 转换、批量文件转换、shp 批量转换、CAD 批量转换、影像批量转换、DEM 批量转换、GDB 转换、MOB 转换。

9 案例实践——××市智慧城市时空大数据平台

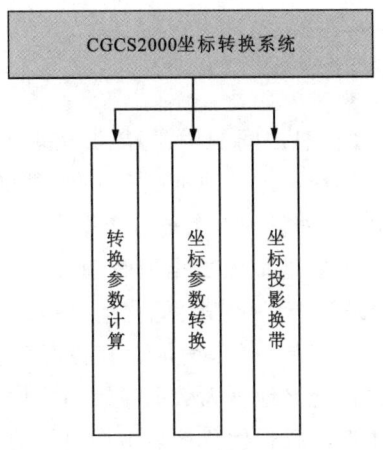

图 9-24 CGCS2000 坐标转换系统模块划分

(3)坐标投影换带。包括单点(逆)投影、shp(逆)投影、影像(逆)投影、DEM(逆)投影、单点换带、shp 批量(逆)投影、影像批量(逆)投影、DEM 批量(逆)投影、GDB(逆)投影、MOB(逆)投影、批量店换带、shp 换带、影像批量换带、DEM 批量换带、GDB 换带、单点(逆)空间转换、CAD 换带、CAD 批量换带。

4)按需出图系统

按需出图系统提供一组能快速满足用户地图应用要求的服务。按需出图服务主要以地图输出为目的,满足用户一系列的出图要求。

按需出图系统主要功能包括资源展示、动态出图、业务上图、模板配图、图册出图、在线制图,系统功能结构如图 9-25 所示。

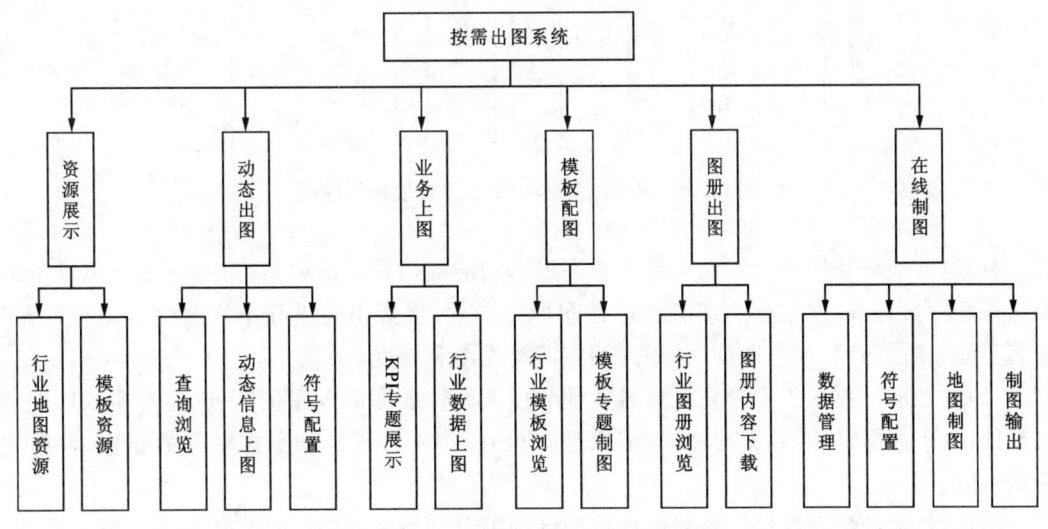

图 9-25 按需出图系统模块划分

3. 云中心建设

1) 地名地址引擎

地名地址是空间信息与其他信息之间的桥梁，能够实现大数据在全空间信息模型上的精确定位。在前期建设中，已经形成了地名地址服务引擎，能够满足一定范围的地名地址检索需求，但其匹配精度还需优化，对海量的地名地址数据支持不够。本期地名地址管理系统包括现有的地名地址引擎优化、地名地址大数据量管理、地名地址可视化查询展示、地名地址服务 API 管理。其中地名地址引擎优化需要优化地名地址匹配算法模型，提高地名地址匹配精度，并进行地名地址服务的扩展升级，增加对容错匹配服务、非法或超界地址识别服务和自定制检索服务扩展的支持；地名地址大数据量管理将优化系统架构，支持大数量地名地址数据检索与查询。同时，本期项目在优化地名地址引擎的基础上，添加地名地址管理维护功能，提供地名地址大数据管理能力，形成地名地址入库、编辑、维护能力，并提供交互式界面管理词库、地名地址 API 接口、后台管理等。

地名地址引擎主要功能包括地名地址查询展示、地名地址数据入库管理、地名地址数据维护、词库维护管理、地名地址服务接口管理和系统配置管理，系统功能结构如图 9-26 所示。

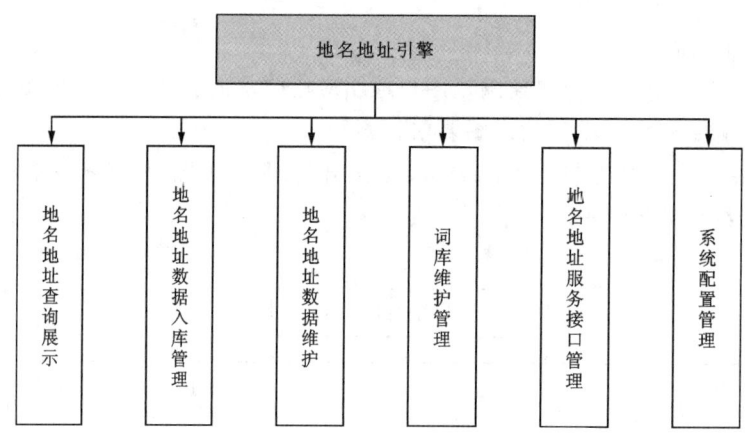

图 9-26 本期地名地址引擎建设模块结构图

(1) 地名地址查询展示。地名地址查询展示功能提供统一的检索入口，实现地名地址的快速匹配检索查询，并结合地理底图进行图形化展示，支持不完整和不规范地名地址匹配、别名匹配、容错匹配、逆向匹配，并提高相应匹配效率和精度。

(2) 地名地址数据入库管理。地名地址数据入库管理提供入库接口，选择需要入库的地名地址、POI 数据，并对数据的格式、字段进行检查，将符合要求的数据存入数据库，同时更新索引信息。

(3) 地名地址数据维护。地名地址数据维护可以对地名、地址、POI 数据进行编辑修改、完善信息，也可以新增数据、删除数据，实现对地名、地址、POI 数据的维护。

(4) 词库维护管理。词库维护管理提供可交互界面，管理维护词库信息，提供新增、修改、删除、编辑、导入等功能,实现词库信息的动态更新,提高地名地址数据检索的正确性。

(5)地名地址服务接口管理。地名地址服务接口管理能够封装地名地址服务接口,并提供不同精度、不同输入模式的地名地址服务 API 接口地址、接口参数说明和调用方式等,还能够将它们提供给第三方应用。

(6)批量匹配。系统支持对结构化的数据进行匹配,在匹配时可按需选择地址匹配字段,并且用户可以通过上传文件的形式,对文件中多条记录进行批量匹配。同时,对于匹配成果,可导出为表格或图片等不同格式的数据。

(7)系统配置管理。系统配置管理提供地名地址管理系统的底图配置、数据编辑控制、用户权限集成管理等功能。

2)业务流引擎

工作流的概念起源于生成组织和办公自动化领域,是针对工作中具有固定程序的常规任务而提出的概念。工作流技术为企业规范工作流程、降低生产成本、明确经营目标、优化企业决策、提高企业竞争力等提供了先进的手段。

业务流引擎平台遵循参考 WFCM 标准规范,基于 J2EE 开发平台,提供一套完整的工作流引擎机制,实现可视化的流程设计器、任务分发和签审、流程自动流转、工作流跟踪监控和查询追溯。实现工作流审批、业务流(BPM)的智能性、灵活性、简单实用性,具有强大的扩展性、集成性、独立性、开放性和稳定性,支持可视化的流程设计器来设计流程,Web 端纯 JS 流程设计器无需编程,完全通过鼠标拖、拉、拽的方式来完成,串行、并行、分支、会签、聚合都可以非常方便快捷地实现,管理员还可以随时根据企业的情况调整流程,真正做到企业流程的不断优化,具有强大的流程版本管理功能。

工作流引擎主要功能包括流程管理、流程监控、表单管理、通知管理、系统管理、权限管理、工作台,系统功能结构如图 9-27 所示。

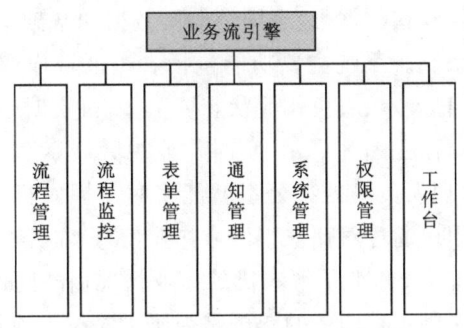

图 9-27 业务流引擎模块划分

(1)流程管理。流程管理模块主要包括流程分类管理、流程实例运行管理流程发布、流程定义、模型实例、功能服务接口等功能。其中,流程分类管理支持业务的分类展示、新增、编辑、保存、删除等操作;流程实例运行管理支持对业务实例的创建和控制,比如实例的运行、挂起、恢复、终止等操作;流程发布支持模型列表的展示、新增模型、编辑模型、删除模型、流程部署等功能;流程定义支持流程的列表展示、查看流程图等操作;模型实例主要是展示模型实例列表、环节、状态等；功能服务接口主要包括启动流程、查询流程实例、完成代办任务、查询业务对象等对外服务的接口。

(2)流程监控。流程监控主要是实现对流程实例、流程节点、流程任务等进行监控查看及相关操作的功能模块，可以监督日志服务的运行情况，图形化监测业务实例的运行情况，实时跟踪业务实例的运行情况，对业务实例的运行状态进行控制。

(3)表单管理。表单管理模块主要实现表单的新建和表单列表的展示、查询、管理等功能。新建表单子模块可支持保存列表、单行文本、多行文本、下拉选择、单选框、多选框、日期设置等操作；表单列表模块支持新增表单、编辑表单、删除表单、搜索、预览表单等功能操作。

(4)通知管理。通知管理主要包括内部消息通知和邮件通知两部分，可以根据需要选择流程各节点对相应流程执行人进行消息通知的方式。

(5)系统管理。系统管理是对业务流引擎系统进行配置、管理与维护的功能，主要包括字典管理、定时任务、系统日志等部分，支持系统字典的新增、修改、保存、删除等功能，也方便用户新建和管理定时任务，自动记录系统的日志数据等。

(6)权限管理。权限管理包括组织机构管理、系统用户管理、系统角色管理。组织机构管理包括列表展示、组织机构的新增、修改、保存和删除等；系统用户管理和系统角色管理可以对用户及角色进行列表查询、新增、修改、删除等管理操作，也可以对用户密码进行重置、禁用、启动。

(7)工作台。工作台功能模块主要用于实现对已办事项和待办事项的展示、查看、检索、办理、审批等功能。

3)智能感知能力建设

(1)北斗智慧农机多维场景展示系统。农业机械上安装北斗农机终端，通过北斗定位导航系统实时获取每台农机的位置、运动轨迹、传感器状态等信息，基于此北斗农机数据，同时融合湖北省农村土地承包经营权数据、地理国情监测数据和基础地理信息数据，建设北斗智慧农机多维场景数据展示系统。系统主要功能包括农机区域作业信息展示、农经区域统计信息展示、地理国情监测信息展示、农机作业状态展示、农机实时位置跟踪定位、实时作业质量展示、终端信息展示、实时作业图片展示、实时作业视频展示和地块承包经营权信息展示等，使政府或农业合作社管理人员身处办公室就能实时掌握农机实时作业情况和作业总体进度。同时该系统可以使用户通过对比农机区域作业信息、农经区域统计信息、地理国情监测信息3个展示模块的信息，大体上了解农机的作业情况（作业面积和发放补贴等）是否合理等信息。同时可以查看农机正在作业的图斑是否属于农村土地承包经营权数据中土地类型为种植业的图斑和国情监测数据中为种植土地图斑，把控农机实时作业状况。

北斗智慧农机多维场景数据展示系统主要功能包括农机区域作业信息、农经区域统计信息、地理国情监测信息、农机实时作业状态展示、农机终端信息展示、农机实时作业图片展示、农机实时作业视频展示和农村土地承包经营权信息。系统功能结构如图9-28所示。

①农机区域作业信息。展示全市全部作业量、农机数量、昨日新增作业量、作业里程、作业时长和每种作业类型的作业量，以及省级下各市级的作业量和农机数量信息。

②农经区域统计信息。展示市级地块汇总统计、承包基本信息和土地用途信息。

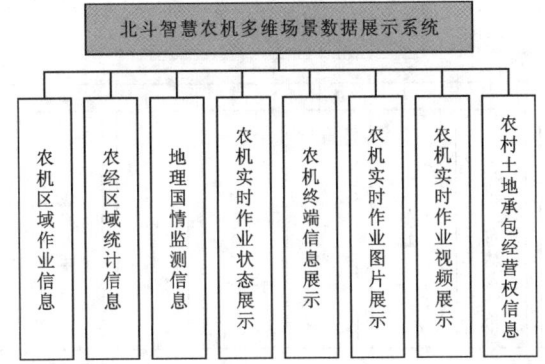

图 9-28 北斗智慧农机多维场景数据展示系统模块划分

③地理国情监测信息。展示市级各地类(种植土地、林草覆盖、房屋建筑、铁路与道路、构筑物、人工堆掘地、荒漠与裸露地和水域)的面积统计信息。

④农机实时作业状态展示。展示农机的在线状态、实时运动轨迹,提供跨区警告提示,以及农机在线时,通过农机质量展示,可以查看深度实时变化情况。

⑤农机终端信息展示。展示当前选中农机终端设备信息,包括农机分组、车牌号码、终端号码、机手姓名、设备时间、位置、地址、农机类型、作业类型、作业宽幅、农机状态、速度和深度或留茬高度信息。

⑥农机实时作业图片展示。农机作业过程中每隔固定时间拍摄作业场景图片,实时图片模块展示当前选择农机最近一次拍摄的作业图片。

⑦农机实时作业视频展示。展示当前选择农机的实时作业视频。

⑧农村土地承包经营权信息。显示选择的农机当前作业地块的承包经营权信息地块信息、承包方信息和土地利用类型信息。

(2)互联网在线数据抓取模块建设。

互联网在线数据抓取模块建设是利用网络爬虫技术,实现基于互联网发布的公共及自媒体报道相关信息的自动在线抓取。可根据用户的不同任务需求,通过互联网在线抓取所需的数据和信息,实现存储、管理和分析功能。系统采用.Net 进行开发,以 MySql 作为数据库,以 Redis 作为缓存数据库,使用 WebAPI 开发服务接口,整个系统采用可扩展的系统结构,便于分布式部署。

在线数据抓取模块分为资源定义,网页挖掘、过滤及解析,任务管理,数据浏览,服务接口,数据抓取,数据入库和数据查询 8 个模块,系统模块划分图如图 9-29 所示。

①资源定义。可根据需要对所需抓取数据的类型进行选择配置,如选择图片、网页或文本等。实现对抓取目标网站站点的管理与配置,支持目标站点的新增、修改、删除操作;并支持手动对目标站点进行标签描述和修改,以方便查询选择。

②网页挖掘、过滤及解析。爬虫引擎抓取下载目标站点的网页源代码之后,将对这些源代码进行挖掘和过滤,找出所需的文本信息、图片链接地址、网站地址等有用信息,并对其中的网站链接的网络域名地址进行自动解析。

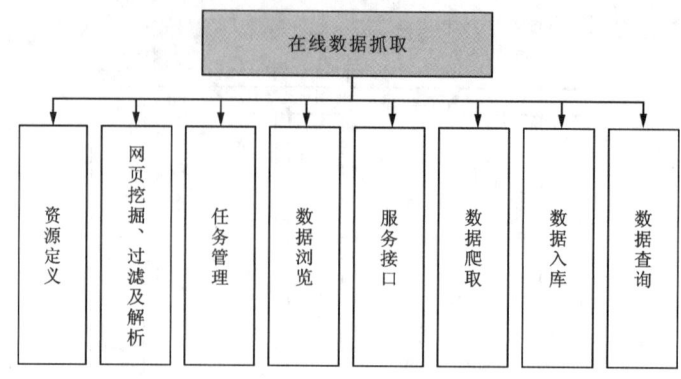

图 9-29 在线数据抓取模块划分

③任务管理。支持对爬虫任务的管理,支持任务的新建、停止、定时和删除等操作。

④数据浏览。实现对抓取数据成果的浏览展示,并可通过不同的检索条件和模式进行查询检索。

⑤服务接口。封装互联网在线数据抓取相关功能的服务接口,可供已在时空大数据平台注册的第三方开发者调用功能服务。

⑥数据抓取模块。针对地名地址、POI、人口、法人、舆情发现、公共互联网影像地图数据等不同类型的数据,从不同的平台、网站、API进行抓取,需要相应的数据抓取功能。

⑦数据入库模块。按照抓取数据的类型建立多个存储位置,并按照分类的不同将相应的数据存储在对应的存储位置中。

⑧数据查询模块。抓取的数据成果可通过不同的检索条件和模式进行查询检索。待系统抓取的数据处理入库后,即可通过统一搜索界面对已抓取数据按条件进行检索查询。

4)云端管理系统

在前期平台用户管理的基础上,面向不同行业和部门的用户认证和管理升级,实现用户统一管理和行业部门用户的认证审核,完善用户的角色管理和权限控制,提高应用系统的安全性和用户使用的方便性,实现全部应用的单点登录。针对移动设备,新增开发二维码认证的功能。

整合优化在线资源中数据服务、功能服务和接口服务的目录结构,完善在线资源的描述信息管理,实现在线资源的统一发布和管理。

完善服务鉴权与审核管理,满足对同一服务的不同区域和不同图层的权限控制,支持对用户和应用等调用服务的鉴权和审核;完善服务监控,优化对异常服务的管控。

完善时空大数据平台在系统用户监控、硬件与网络资源监控、数据库监控备份、日志管理、集群调度管理和部署配置中心等方面的功能,建立各层次系统角色的运维管理平台,并充分集成各个模块之间的功能处理接口,形成平台运维配置管理中心,确保建立时空大数据平台正常交付和运行维护的基础。

云端管理系统包括用户管理系统、服务注册管理系统、桌面平台配置管理和平台运维管理系统,系统功能结构如图 9-30 所示。

9 案例实践——××市智慧城市时空大数据平台

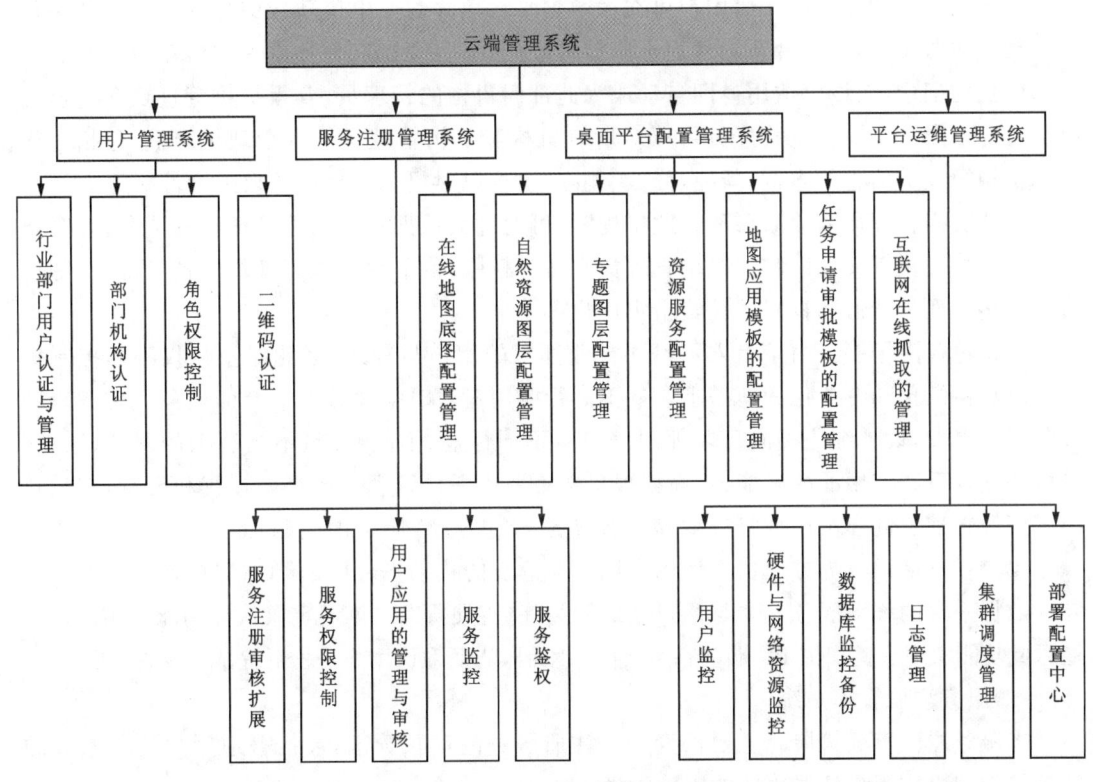

图 9-30 云端管理系统模块划分

(1)用户管理系统。

本期将在前期已建设完成的用户管理模块的基础上,再次对用户管理模块进行升级改造,进一步增强时空云平台的安全性能。将新增行业部门用户认证,以增强不同行业部门的用户管理功能,同时结合角色权限控制模块的升级,继续细化增强用户对不同行业、不同密级、不同范围的服务、数据、平台功能使用的权限能力。本期建设还新增了二维码认证模块,增强移动端 APP 的用户认证能力。

①行业部门用户认证与管理。为促进时空大数据平台的实用性和共享性,实现不同专业行业的统一服务和数据共享,本期项目特别面向不同行业部门用户的管理与认证,重新设计用户管理流程和逻辑,进一步升级扩展时空大数据平台的用户认证管理功能。由于不同行业部门用户具有一定的专业性、复杂性,因此往期由平台系统管理人员对所有用户进行统一管理的模式不能满足用户专业化、定制化的需求。对于此状况,本期项目增加了普通用户、行业部门用户、行业部门机构管理员、平台系统管理员四级角色划分。普通用户在平台注册后,可以向各自所属的行业部门机构提出加入该机构的申请,由行业部门机构管理人员进行审核与批准,之后也由该部门机构的管理人员对机构所属用户进行直接管理,可以对该机构所属用户进行查询、新增、修改、删除等操作。而平台系统管理员拥有平台最高权限,可以在必要时,直接管理机构管理人员与机构所属用户,并可以实现对所有用户的增删改查操作。

②部门机构认证。已注册用户可在大数据平台填写需要申请新建的部门机构的相关信息与授权注册文件,经平台系统管理员审核批准后,平台会在后台数据库中自动录入和建立该部门机构记录,而该申请用户即自动成为此部门机构的管理员,获得机构管理员角色所拥有的全部权限。平台系统管理员可以对所有机构和机构管理员进行管理与维护,包括对机构和机构管理员信息的查询、新建、修改、删除,也可以对机构管理员的权限进行配置。

当此机构管理员因故需要离开此机构时,可通过大数据平台的管理员转移流程,填写申请并提供相关授权文件以转让机构管理员身份和权限,待平台系统管理员审核批准后,即可将该机构管理员身份和权限转移给指定用户。

③角色权限控制。由于引入了不同行业部门的用户与管理,因此对角色权限的控制提出了更加精细化和专业化的新需求。从不同行业用户对时空大数据平台的业务使用逻辑和实际场景出发,设计细化不同行业部门用户对不同行业、不同密级、不同范围的服务、数据、平台功能查看和使用的权限能力,而权限仍然集中由平台管理人员统一授权和设置,有效解决了资源管理混乱和由用户复杂度提升造成的平台安全性降低的问题。

④二维码认证。为方便用户使用本期新增建设的移动平台协助 PC 端进行登录,增强时空大数据平台的移动服务能力与用户认证能力,将扩展研发二维码登录认证功能。用户可以通过此功能实现手机扫描 PC 端动态生成的二维码,认证确认用户身份后完成 PC 端登录。

(2)服务注册管理系统。

①服务注册审核扩展。主要负责用户注册服务的审核管理,包括普通用户注册服务的审核管理和机构用户注册服务的审核管理。

系统设计由新增的部门机构管理员对各自部门机构内用户发布注册的服务进行审核与管理,而由平台系统管理员对普通用户发布注册的服务进行审核与管理。专门化、细致化的管理,将有效提升时空大数据平台服务资源的专业化水平与能力,有利于提升平台面向不同专业用户的服务能力。

②服务权限控制。面向不同行业部门用户,完善服务权限管理,对同一服务的不同区域和不同图层进行权限控制。

③用户应用的管理与审核。在第三方用户需要通过申请调用服务来构建第三方应用时,需要该用户填写包括应用名称、服务器地址、应用 IP 地址、应用用途描述等应用创建信息,之后用户需要在平台的服务资源库中为该应用挑选所需的平台服务并向平台管理员提交创建应用和调用平台服务的申请,待平台系统管理员审核批准后,该应用即创建成功。对于创建成功的应用,平台会自动分配一个 token 凭证码以进行应用注册认证和服务调用权限验证。平台系统管理员可以对所有创建的应用进行列表查询、新建、修改、删除等操作。

④服务监控。服务监控可以实现对时空大数据平台所有已注册代理服务的调用访问情况的监控与统计,支持列表展示服务调用详细情况(包括服务的调用者、应用、时间、IP 等),能够监控服务访问次数、时空范围、访问频率等。当发现某用户或 IP 高频率调用时,可以对该用户或 IP 地址进行一定时间的禁用控制。

⑤服务鉴权。本期项目针对上期服务鉴权升级中存在的利用 token 机制盗取服务权限的风险进行研究和开发,设计一种在 token 中加入域名或 IP 加强认证的防盗用认证技术。

具体技术实现流程如下。

首先，用户通过桌面平台创建应用，在此过程中填写限制条件（用户名、域名或 IP、图层控制、范围控制等），系统设置应用白名单并做限流控制。创建应用成功后，平台授权给用户一个 token（包含以上限制条件信息），作为用户申请服务、获取平台服务资源的凭证。

其次，用户带着平台签发的 token 申请服务，发送资源请求，平台服务器通过 token 解析各种条件进行限制访问，确认请求服务器的身份是否合法和是否已获得平台的授权。如认证成功，则时空云平台返回其所请求的各类服务资源；如认证失败，则不对其请求进行响应，以保证平台服务资源不被恶意盗用。

(3) 桌面平台配置管理系统。

① 在线地图底图配置管理。可以接入并配置矢量、影像瓦片服务，使之作为一种底图进行显示，用户可以按需选择不同底图进行展示。

② 自然资源图层配置管理。建立自然资源专题图层分类，并在该分类下添加自定制自然资源图层数据。用户可以在图层选择界面选择这些数据，并在底图上进行加载展示。

③ 专题图层配置管理。可实现在桌面平台管理后台中对专题图层进行配置和管理，主要包括影像专题图层配置管理、地理国情专题图层配置管理、地名成果展示管理、自定义图层配置管理等。

影像专题图层配置管理：配置不同分辨率、不同年份的影像数据，以供桌面平台进行专题展示。

地理国情专题图层配置管理：配置不同年份、不同要素的地理国情数据，以供桌面平台进行专题展示。

地名成果展示管理：配置地名按不同行政区划、不同类型的统计成果，以供桌面平台进行地名成果展示。

自定义图层配置管理：提供自定义图层的配置功能，以按需配置图层在桌面平台进行展示。

④ 资源服务配置管理。支持对桌面平台集成的各类服务资源和功能模块进行配置和管理。对于服务资源配置管理支持修改服务名称、描述信息详情及服务 url 信息等。

对于地图应用模板模块的配置管理支持符号库的修改、页面样式库的修改、调用地图服务的修改等配置管理功能。对于互联网在线抓取模块的配置管理支持抓取资源定义配置、资源分类管理、抓取目标网站标签管理等功能。

⑤ 地图应用模板的配置管理。对地图应用模板的风格、样式、主题、地图服务等内容进行配置管理，为用户提供多样的个性化的地图应用模板。

⑥ 任务申请审批模块的配置管理。提供用户提交的业务申请单的审核管理，并根据用户需求生成任务流程，对任务流程可进行配置管理和运行监控。

⑦ 互联网在线抓取的配置管理。通过后台的抓取配置管理，实现桌面平台对在线抓取任务的正常运转。

(4) 平台运维管理系统。

① 用户监控。为进一步保证时空大数据平台数据及业务操作的安全性，需要对时空大数据平台的用户行为进行严格的监控。用户监控分为三大部分：事前、事中和事后。事前是

指在用户行为发生之前,在业务层面做严格控制,一般可以从授权上做控制,如用户多重身份验证、特殊警告让用户确认等手段;事中是指在用户行为发生时,系统后台根据用户行为的严重程度,做出相应的日志记录,甚至向管理员发送预警等;事后是指用户的行为操作可以在未来某段时间内可追溯、可分析,这有赖于系统与日志管理平台良好的对接。

②硬件与网络资源监控。服务器硬件与网络资源监控功能可实现对 Windows、Linux 等各种类型服务器的监控和管理,包括服务器状态,如 CPU 负荷、内存使用、磁盘使用、网络状况、端口监视等,以及监控预警等。

Zabbix 基于 Web 界面提供分布式系统监视和网络监视功能的企业级的开源解决方案。Zabbix 能监视各种网络参数,保证服务器系统的安全运营;还能提供灵活的通知机制以让系统管理员快速定位,并解决存在的各种问题。

③数据库监控备份。为确保时空大数据平台提供稳定的服务能力和灾后快速重建能力,需要对时空大数据平台数据库的管理提供监控和备份机制。但由于时空大数据平台是一个多源异构的系统,涉及的数据类型多种多样,使用的数据库产品也多种多样,因此需要考虑不同数据库产品的监控与备份机制。

时空大数据根据数据类型的特点:选取 Oracle、Mysql、MongoDB 三大数据产品作为支持。Oracle 存储核心数据,Mysql 存储子系统业务数据,MongoDB 存储非结构化数据。

数据库的监控:利用业界成熟的系统监控工具,管理其各项性能指标,并提供可视化工具。

数据的备份:利用数据库产品的特殊以及自身提供的外部命令,通过定时器任务调度,实现数据的定时灵活备份。

④日志管理。日志管理系统为时空大数据平台提供集中式的日志收集与管理服务,并在日志存储的基础上,提供大数据量日志的快速搜索与可视化能力,提供日志的监控与预警服务。同时对时空大数据平台各子系统的日志信息进行统一管理。

⑤集群调度管理。集群调度管理系统提供资源调度、均衡容灾、服务注册、动态扩容等功能。通过集群调度管理系统,能够在一个集群主机间(包括裸机和虚拟机)管理容器应用,提供应用程序自动化部署、维护和扩展的基本机制,搭建以容器为中心基础设施的开源平台。

对平台中的 java 应用进行容器化,制作成 docker 镜像,存放在镜像仓库中,供集群调度管理系统使用。可以进行容器化并纳入集群调度管理系统中的应用(子系统)如表 9-5 所示。

⑥部署配置中心。部署配置中心提供参数下发功能,平台中各应用可以访问配置中心,进行相关配置文件的下载或系统参数的获取。

4. 桌面平台

依托云中心提供的各类服务和引擎,建立面向桌面终端的运行在内部网、政务网或互联网上的服务平台。除了包含前期已建成的时空大数据平台门户网站的在线资源服务功能外,本期项目还将集成包括用户中心、在线地图、地图应用模板等在内的多个功能模块。其中,用户中心、在线地图、在线资源服务在往期成果的基础上进行了优化升级,提升了用户交互体验,并展现了云平台的开放性和自学习能力。

9 案例实践——××市智慧城市时空大数据平台

表 9-5 容器化应用列表

大类	分项	应用/子系统
时空大数据平台	时空数据服务管理软件	典型社会经济数据关联
	时空信息服务管理软件	服务发布管理
		服务智能组装系统
	门户网站	用户登录与注册
		功能导航
		资源查询
		二维、三维一体化可视化展示
	运维监控系统	服务管理系统
		用户管理系统
		日志管理系统
		用户监控
		数据库监控备份

桌面平台主要的受众是各专业部门用户，这些用户通过桌面平台的统一交互界面，可以在线浏览并按需选择平台各类服务资源，根据自身需要和要求向平台管理者提交业务申请单和业务需求，也可通过平台提供的在线数据抓取工具，有针对性地搜索并搜集各类互联网数据。利用在线地图模块，不仅可以自定义加载各类底图数据，对兴趣点 POI 进行空间搜索、空间量测等，还可以实现加载交通拥堵数据、展示查看不同地名地址的新闻消息等新功能。而在用户中心，用户除了能管理自身账户资料之外，还可以查看管理已提出的各类服务资源申请，配置在线地图模块的自定义底图数据。

桌面平台主要包括以下 6 个功能模块：用户中心、在线地图、资源服务、地图应用模板、任务申请审批模块、互联网在线抓取模块，具体模块划分见图 9-31。

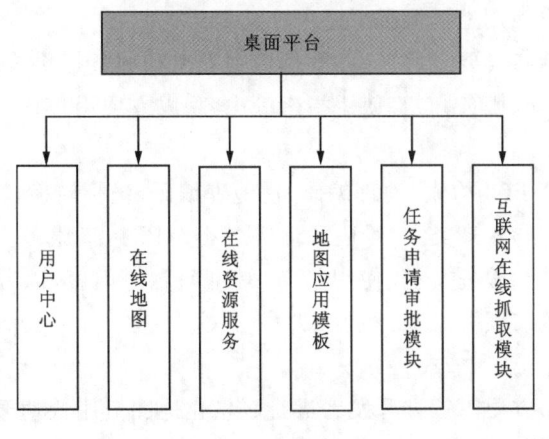

图 9-31 模块划分

1) 用户中心

用户中心面向不同行业部门的不同类型用户,提供用户注册、用户认证和个人信息管理等基本功能,支持服务注册、服务申请和状态查询等个人业务管理。它主要包括用户信息管理、用户应用管理、用户服务管理等模块。

其中在用户信息管理模块可以查看用户的个人注册信息和所属机构信息,若无所属机构,也可以在此申请机构专业用户身份。在用户应用管理模块可以创建新应用,并查看用户目前已创建的应用信息,也可进一步进入应用详情页面查看应用详情。用户服务管理模块支持对用户查看和管理已发布、已注册和已申请的服务,其中管理功能主要对各类服务进行查询、修改、删除,对于用户已发布的服务进行预览和注册管理,还可以查看当前的审批状态。

2) 在线地图

(1) 在线地图基本功能:底图切换、行政区划定位、路径规划、POI检索、量测工具、缩放、清屏等。

(2) 自然资源图层展示:对自然资源要素图层进行展示浏览。

(3) 专题图层:提供专题图层展示目录列表,包括遥感影像、地理国情、地名成果统计和自定义图层等专题图层展示。

①遥感影像:在目录列表中展示不同分辨率的可选遥感数据,选择后在图上显示年份滑动标尺,以供对比不同时空的遥感数据。

②地理国情:在目录列表中提供地理国情的可选要素数据,选择后可展示相关要素数据。

③地名成果统计:按行政区划(省-市-县)展示不同类型数据统计成果。

④自定义图层:支持自定义图层的展示浏览。

3) 资源服务

资源服务模块展示时空大数据平台各类资源服务,包括地图服务、数据服务和接口服务,并提供相关服务详情及使用指南。

(1) 地图服务:包括湖北省矢量地图、矢量注记、影像地图、影像注记、矢量瓦片,提供各类地图服务列表和图文展示,提供地图服务介绍、服务使用指南等内容,以方便用户详细了解地图服务并引导用户使用地图服务。

(2) 数据服务:包括各类要素服务,并根据数据类型和服务提供方式进行分组分类展示,提供服务预览、服务简介、服务介绍、使用指南等内容,以方便用户详细了解数据服务并引导用户使用数据服务。

(3) 接口服务:包括POI检索、地理编码、逆地理编码、坐标转换、轨迹纠偏、路径规划、导航、在线抓取、用户认证与管理类、二维码认证等各类API接口服务。接口服务以目录列表形式展示,提供服务介绍、服务文档、使用指南、常见问题等内容,以方便用户详细了解接口服务并引导用户使用接口服务。

4) 地图应用模板

地图应用模板是为方便第三方开发者进行轻量化地图应用快速开发的一个应用组装模块,提供多种不同主题的页面风格、不同颜色的样式、多种地图服务和网页属性微调等功能,达到快速组装成一套Web端页面的目的。第三方开发用户可以将组装完成的前端项目进行打包下载,实现轻量级地图应用的快速开发与部署。

5)任务申请审批模块

任务申请审批模块是集成业务流引擎,用户可根据自身需要,填写需要进行业务申请的表单并提交,待部门管理员审批通过后,由超级管理员反馈申请结果。在此过程中,管理员可根据申请单中填写的详细情况进行数据、服务、功能等方面的准备,以满足用户需求。工单申请的结果反馈是通过站内信的形式发送消息。

6)互联网在线抓取模块

互联网在线抓取模块主要利用网络爬虫技术,实现基于互联网发布的公共及自媒体报道相关信息的自动在线抓取。主要涉及以下几类数据:①公共互联网影像地图抓取;②舆情数据抓取;③地名地址数据抓取;④人口法人数据抓取。其中互联网影像地图通过百度、高德或其他影像地图进行抓取;舆情数据主要通过国内知名新闻门户网站信息进行抓取;地名地址数据的抓取主要通过与现有的地名地址库比对,发现新闻或网页中的地名地址信息进行抓取;人口法人数据主要通过国家统计部门的官方网站进行信息获取。

5. 移动平台

移动平台是依托云中心提供的服务,以移动应用程序形式部署在移动终端设备,运行在移动网或无线网上的服务平台。《智慧城市时空大数据平台建设技术大纲(2019版)》新提出了建设移动平台的需求,主要面向手机、平板等移动终端,结合中心有变化检测的业务需求,编制了移动平台设计。通过移动平台,用户不但可以突破时间和空间的限制来进行使用,而且能提高效率与强度。

移动平台主要定位于提供移动终端查询浏览各种地图服务与变化检测等功能,包括资源浏览、变化核查、用户管理和后台管理四大模块,系统功能结构如图9-32所示。

1)资源浏览模块

资源浏览模块主要提供资源浏览功能,包括地图资源浏览、地图基本功能、兴趣点搜索框、定位等内容,并进行合理布局。

(1)地图资源浏览:在资源浏览模块主界面,用户可通过资源菜单选择需要查看的资源。

(2)地图基本功能:在地图窗口界面,用户可使用两个手指进行地图的缩放、图层的切换等。

(3)兴趣点搜索:在地图窗口界面,用户点击搜索框,填入要搜索的内容,点击"搜索"按钮,返回搜索内容。

(4)定位:在地图窗口界面,用户点击"定位"按钮,地图到达当前定位区域。

2)变化核实模块

变化核实模块主要提供变化核实功能,包括查看变化区域、拍照上传、图斑定位及路径规划、历史记录管理、属性采集录入等功能。

(1)查看变化区域:变化核实功能菜单界面,用户点击"查看变化区域"按钮,地图显示变化区域图层。

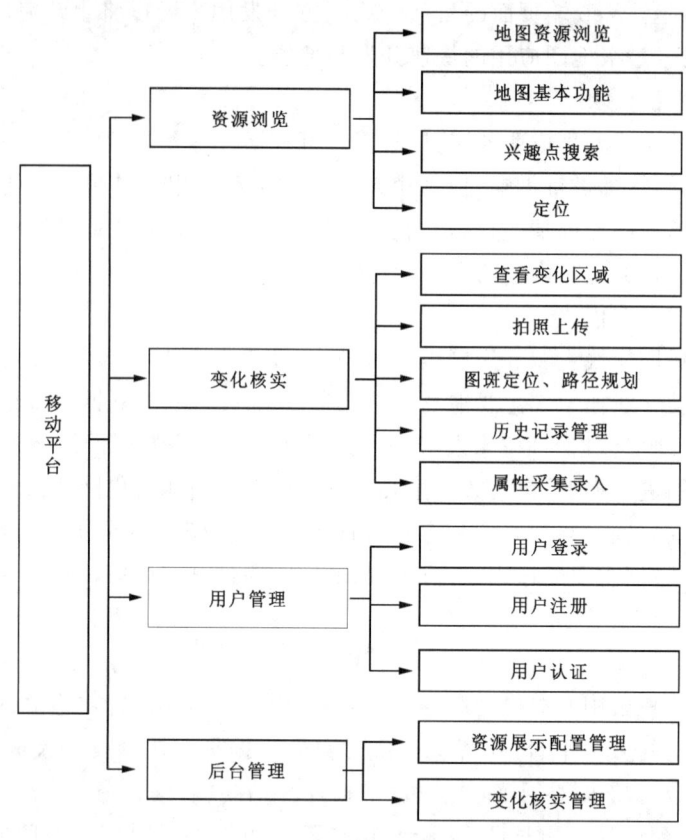

图 9-32　功能结构

(2)拍照上传:变化核实功能菜单界面,用户点击"拍照上传"按钮,终端显示拍照界面并拍照、上传。

(3)属性采集录入:变化核实功能菜单界面,拍完照后录入相关信息,点击"上传"。

(4)历史记录管理:变化核实功能菜单界面,历史记录列表,点击想要管理项。

(5)图斑定位、路径规划:地图主界面,打开图斑图层,点击想要定位的图斑,点击路径规划,显示规划路线。

3)用户管理模块

用户管理模块提供用户管理功能:依托运维中心,实现用户注册、登录、认证等功能。

(1)用户登录:在登录界面,用户可按照提示输入用户名和密码进行登录,也可以选择忘记密码选项,按照系统跳转界面提示输入验证信息后修改密码。

(2)用户注册:在注册界面,用户可按照提示输入用户名和密码等信息进行注册。

(3)用户认证:在用户信息界面,用户可按照需求认证为单位管理员或单位普通用户。

4)后台管理模块

后台管理模块提供后台管理功能:基于Web界面,实现资源展示配置管理、变化核查管理等功能。

(1)资源展示配置管理:在后台界面,用户可按照提示输入服务名和服务地址等信息,添加资源服务。

(2)变化核查管理:在后台界面,用户可查看、管理变化核查信息。

9.4.2 云GIS平台软件服务建设

为了从根本上解决××市地理空间数据"数据汇聚难、数据获取难、数据应用难"的难题,我们建设了全市统一的云GIS平台服务,为××市各级政府部门和企事业单位提供云化数据服务、功能服务、基础GIS支撑服务,为政府企事业部门提供基于北斗卫星的定位导航服务,实现时空数据开放和共享,减少政府财政投入,节约重复建设资金,提升数据资产价值。

1. 云端基础数据管理

定义标准的云端GIS数据管理协议和服务标准,设计开发在云端存储模式下,支持多用户数据管理和用户数据云端共享的数据管理模块。

2. 云端数据治理分析

(1)云端GIS数据治理服务:设计开发云端数据的基础治理功能,包括数据的坐标系检查、数据的后台格式转换、数据内容的抽取、数据的合并与追加、空间数据的编辑、数据的空间化处理等。

(2)云端GIS数据统计分析服务:开发在云端数据库支持下的云端数据统计分析处理功能,包括基础的缓冲区分析、空间叠加分析、网络分析、空间分布统计分析、栅格计算、数据高程模型分析,以及空间差值分析等。

(3)云端遥感影像变换检测服务:开发在云端数据库支持下的云端遥感影像变化检测服务功能,支持多种地物检测功能。

3. 云端GIS地图功能服务

(1)云端地址制图服务:对接数据管理模块,开发提供用户在线制图和制图服务维护的基础功能,支持用户采用地图制图模板快速制作地图。

(2)云端GIS服务发布管理服务:开发建设基于租户的基础的地图服务发布云端管理等功能。

(3)云端GIS服务授权访问管理服务:开发建设基于租户的服务访问云端管理等功能。

(4)云端地图应用构建平台服务:开发建立云端地图应用基础模板快速构建等功能。

4. 服务管理监控网关

(1)计量计费服务网关:开发建立地理信息云服务的基本计量收费管理模式,通过计量计费网关,对各用户的服务租用进行管理。

(2)运维管理服务网关:主要完成针对管理员账号的登录认证和权限审核,对用户操作的安全性进行监控处理。运维管理支持内网进行系统的管理,在外网接入时必须通过VPN

登录进行处理,且通过 VPN 连接时功能受限为状态查看,限制使用重要的编辑功能。

5. 运维管理服务模块

开发建立运维管理后台模块,实现包括日志管理、时空大数据能力平台共享数据与服务接入管理、平台功能模块发布管理等功能。

6. 平台用户应用客户端

(1)桌面云 GIS 应用管理客户端。开发云 GIS 用户的桌面管理客户端,并在用户计算机上安装,识别用户身份登录,以及使用何种在授权范围内的数据和功能。

(2)Web 云 GIS 应用管理客户端。开发云 GIS 用户的 Web 管理客户端,方便用户在多种操作系统上使用,实现用户的身份登录识别,以及各种在授权范围内的数据和功能的使用。

(3)云 GIS 应用运维管理中心平台。提供云 GIS 应用的后端运维管理,采用 B/S 架构,主要完成平台日志服务管理、平台基本参数配置、平台资源运行监控、平台资源动态扩展管理、平台共享服务管理、平台共享数据管理、对接云管平台用户收费管理、数据库及数据资源备份管理等。

9.4.3 北斗室内外位置云服务平台

通过以时空平台为基础,在室内外定位技术的支持下,结合时空平台的高精度地图以及互联网服务,构建云端的快速位置管理服务应用,为地区的企业和政府用户,提供基于互联网+北斗高精度位置+高精度地图的位置管理云服务平台,用户只需申请和注册服务使用账号,平台即可根据用户需求自动分配计算资源、存储资源等。用户无需采购服务器、无需对平台及数据进行维护管理,用户可以相对低廉的价格便享受到云端丰富、高性能的人、车等位置管理服务,并且平台能提供区域管理,电子围栏等基础功能,所有的位置服务相关功能,用户开箱即用,后台无需用户自己运维。

具体来说,本期北斗室内外位置管理云服务平台建设包括时空大数据位置服务平台和综合定位管理软件的建设。

1. 时空大数据位置服务平台

时空大数据位置服务平台,依托北斗地基增强系统,融合多种定位技术,重点解决差分服务能力,提供不同精度类型的差分数据和高精度定位增值产品,满足从厘米级到米级、室内外多层次的不同应用需求,更好地提升应用的质量及使用体验。

平台实现终端设备的实时感知,同时利用高精度的地图服务和三维模型来支撑高精度的定位信息的展示与监控。提供对接入的人、车、其他终端的位置信息的管理与分析,结合物联网设备,提供室内外终端定位服务,结合高精度地图,为园区和园区内企业信息化管理提供智能决策依据。

平台以地理地图信息和位置监控为中心给项目提供基础地理信息方面的支持,形成基础的地图服务,同时可以利用三维倾斜摄影地图,以更直观地展示重点场所的现场设施和情况,用于系统功能需求和应用展示。另外,平台还提供运维管理功能,包括组织机构、权限、用户等管理。汇聚园区地图及地名地址信息、兴趣点信息、互联网信息等,平台还提供地名地址匹配服务和大数据分析服务。

系统包括以下功能模块划分(图9-33)。

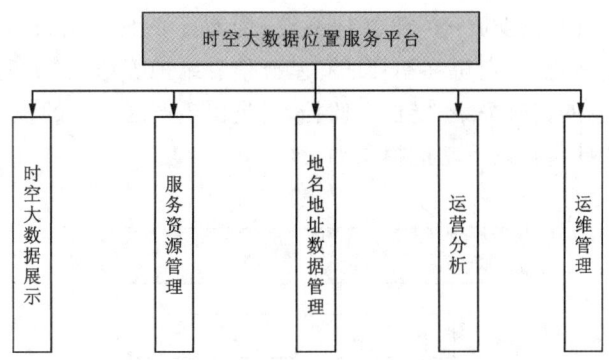

图9-33 时空大数据位置服务平台

1)时空大数据展示

时空大数据展示基于采集和整理的矢量、影像数据、三维模型数据,提供园区全貌数据漫游、浏览、定位、要素查询、终端监控等功能。

2)服务资源管理

(1)服务配置:提供平台内部地图数据服务配置管理和外部地图服务注册管理功能。配置或注册的服务可以提供平台内部或第三方应用。

(2)服务检索:提供平台已有的地图服务的检查查询功能。支持服务名称、服务类型、服务范围等的检索,以列表形式展示。

(3)服务预览:服务列表资源提供已发布服务的清单,能够提供多种服务查询检索功能,并对不同服务进行地图预览。

3)地名地址数据管理

支持地名检索展示、地名地址数据入库管理、地名地址数据维护、词库维护管理、地名地址服务接口等功能。

4)运营分析

通过收集平台运行的数据情况,分析园区的基本运行情况、数据情况、管理情况,以图表的直观方式展现出来;同时以柱状图、折线图和饼状图形式统计一段时间园区的车辆监控、人员活动、所有报警和电子围栏终端进出情况等。

5)运维管理

运维管理模块是保障平台稳定、安全运行的后台支撑系统,提供对平台服务和用户体系的管理,通过统一权限管理、组织机构管理等技术手段保证平台的安全与稳定,并对信息资源访问、业务功能调用、系统管理等活动进行记录,及时发现系统隐患、快速恢复系统故障和优化系统管理,为平台能够 7×24h 稳定运行给予支撑。运维管理模块支持对组织机构、用户和车辆等信息的管理。

2. 综合定位管理软件

综合定位管理软件综合使用各种信息化技术手段,实现园区内终端设备的远程控制、数据接收、数据解算处理,通过创建综合服务支撑平台,为应用软件提供终端设备的时空信息服务,同时搭建人员室内外定位一体化管理系统,为园区企业提供人员属地围栏管理和上图、人员安全监控、报警管理、定位终端管理和基础信息维护等功能,实现对企业现场生产作业人员位置、状态信息的实时采集、定位和监控,对进出生产区人员的统一管理。

综合定位管理软件包括以下功能模块划分(图 9-34)。

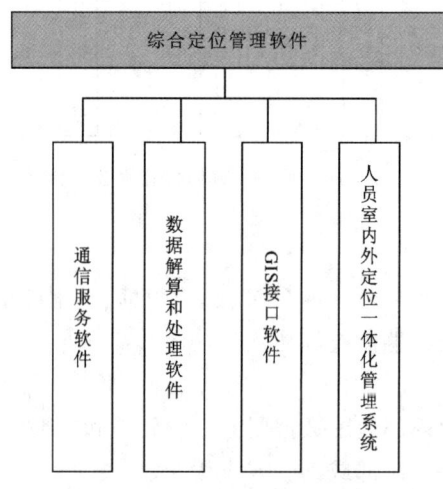

图 9-34 综合定位管理软件

1) 通信服务软件

(1) 终端通信连接:通过开放指定的 socket 连接端口,终端连接后进行鉴权验证,鉴权成功后终端和后台保持连接状态。

(2) 终端心跳接收:接收终端发送的定时心跳,如一段时间没有发送,将主动断开设备并执行终端异常报警。

(3) 室内外定位信息接收:接收终端定时发送的室内外定位信息数据包。

(4) 北斗/GPS 室外定位伪距差分信息接收:接收终端发送的北斗/GPS 室外定位伪距差分信息数据包。

(5) 越界报警:发送越界报警并接收终端指定确认消息。

(6) 参数设置指定:发送终端的参数设置指令,接收终端指定确认消息。

(7) 其他指定接收和发送:接收终端呼救和报警等指令,发送预警等指令给终端。

2) 数据解算和处理软件

(1) 终端信息解算:根据终端状态协议标准解析终端状态数据包节,将字节数据转换成常见字符和数字等,得到需要的终端编号、终端电量状态等其他终端参数信息。

(2)位置信息解算:将接收到的终端位置信息按照数据通信协议进行解析,包括数据包分包解包,将字节数据转换成常见字符和数字等,得到需要的经纬度、时间、高程、速度、方向等位置信息数据。

(3)差分信息解算:将接收到的终端位置差分信息按照数据通信协议进行解析,包括数据包分包解包,将字节数据转换成常见字符和数字等,得到需要的差分参数信息。

(4)时间和位置标准化处理:将解算得到的位置信息和时间信息转换成系统规定的空间基准(大地2000坐标系)和时间基准(北京时间)。

(5)数据持久化处理:将处理得到的终端位置信息进行缓存和结构化数据库存储。在一定时间内的缓存位置数据可提供高效的查询和检索服务。

(6)历史数据处理:将一定时间期限内的位置数据进行历史归档。

3) GIS接口软件

(1)终端位置服务接口:以Web服务方式提供对一个或多个终端实时位置的查询服务。

(2)终端轨迹服务接口:以Web服务方式提供对一个终端某一时间段内的位置点集的查询服务。

(3)电子围栏地图服务:提供标准空间基准的电子围栏地图服务。

(4)其他按需制定的服务:支持其他按照实际需求进行制定的GIS功能服务。

4)人员室内外定位一体化管理系统

(1)安全监控模块。

实时监控:支持将终端发送的实时位置在电子地图上进行实时展示,以人员图像或者标签在地图上进行实时展示;支持对在线和不在线的人员进行不同颜色区分;支持按是否在属地内进行特殊标识。

轨迹回放:支持按照一定时间范围对某个终端设备进行轨迹查询,并支持以时间轴的方式进行轨迹展示和倍速播放。

报警管理:后台在收到人员SOS呼救或者其他报警信息时,实时展示报警信息并通过短信息方式推送到各个相关人员,后台进入应急搜救预案。

(2)属地管理模块。

属地围栏设置:将电子围栏关联到具体的人员或者班组,支持多个人员和班组的同时关联或者解绑,支持一个人同时关联多个电子围栏,支持对围栏设置的增删改查。

属地围栏警告:当人员定位终端的佩戴人员越过电子围栏时,通过蜂鸣器和振动马达提示佩戴人员触发电子围栏,如佩戴人员未退出电子围栏,则人员定位终端持续通过蜂鸣器和振动警告,同时向后台系统发送告警信息,系统将自动弹出告警消息提醒相关人员进行监测。

属地人员统计:支持对某个属地或电子围栏内关联的人员进行查询统计,支持对属地内、属地外的人员进行统计,支持对属地内的人员按照时间段进行统计,支持对属地内的人员报警信息进行统计。

属地进出查询:支持对某个属地的所有进出信息进行查询,可根据属地、围栏名称、时间范围、人员姓名、终端编号等进行查询和统计。支持设置打卡规则,在一定时间范围内一直处于属地范围内视为已经打卡。

(3) 报警管理模块。

人员安全报警管理:可根据属地、报警类型、时间范围等条件查询人员安全报警事件,支持单个处理或批量处理报警事件。

终端异常报警管理:后台在收到人员 SOS 呼救或者其他报警信息时,实时展示报警信息并通过短信息方式推送到各个相关人员。同时,支持系统向人员定位终端发送不同类型的告警信号,终端通过蜂鸣器或振动马达提示终端佩戴人员警示信息,不同类型的警示信息可通过蜂鸣器发声长短和间隔不同加以区分(需终端支持)。

定位标签报警管理:接收定位标签的报警信息,实时展示报警信息并通过短信息方式推送到各个相关人员,支持对报警信息根据属地、时间范围进行查询和处理。

(4) 定位终端管理模块。

终端发放管理:支持对终端的信息录入和终端发放的企业进行分配。包括但不限于对终端唯一编号、终端类型、终端型号、定位精度、生产厂家、分配企业等信息的录入和修改,支持批量分配终端。

终端解绑管理:支持企业用户对园区分配的终端进行人员绑定和解绑。

终端信息维护:支持不同用户对所属终端的信息查询,包括但不限于对终端唯一编号、终端类型、终端型号、定位精度、生产厂家、分配企业、已经绑定的人员和终端的状态(如电量、历史轨迹等)等信息。支持有权限的用户对终端信息进行修改。

(5) 基础信息维护。

人员信息管理:支持对园区相关人员的信息进行录入和维护,支持按照模板的批量导入和单个一次录入,支持对人员按照企业进行组织结构化管理和查询展示。

电子围栏信息管理:支持通过直接在地图上进行绘制形成电子围栏,支持通过导入坐标点生成电子围栏,支持电子围栏的一键地图定位和地图绘制形状,支持电子围栏在图上的显示可见性控制。

定位标签管理:支持对室内定位标签的信息录入和维护。

企业信息管理:支持对园区内的企业信息进行录入和信息维护,以方便直接在系统内部查询企业联系人和企业联系电话。

角色权限管理:对使用功能后台软件的用户进行角色划分,支持按照不同角色分配不同的功能和数据权限。

9.4.4 城市智能驾驶舱

城市智能驾驶舱在城市人口、法人、经济、地理空间等基础信息的基础上,管理城市管理、社会管理、应急、交通、教育等各类专题数据库,实时连接城市物联网节点,根据管理的需要显示不同关注对象的位置、属性、状态等信息,为城市管理者提供城市的运行体征、关键指标、统计分析、辅助决策等工具。

具体来说,本期城市驾驶舱建设包括 BI 工具服务平台集成,系统大屏可视化平台人口库大屏可视化平台、法人库大屏可视化平台和空间地理库大屏可视化平台建设。

1. 集成 BI 工具服务平台

BI(business intelligence)即商业智能,它是一套完整的解决方案,用来将企业现有的数据进行有效的整合,快速准确地提供报表并提出决策依据,帮助企业作出明智的业务经营决策。

当前 BI 工具可以提供海量数据实时在线可视化分析服务,通过对数据源的连接和数据集的创建,支持对数据进行即时的分析与查询;通过电子表格或仪表板功能,支持以拖曳式操作进行数据的可视化呈现,提供了丰富的可视化效果。BI 工具可以帮助使用者轻松自如地完成数据分析、业务数据探查、报表制作等工作。它不只是业务人员看数据的工具,更是数据化运营的助推器。

BI 工具主要功能模块包括数据连接模块、数据处理模块、数据展示模块和权限管理模块,功能结构如图 9-35 所示。

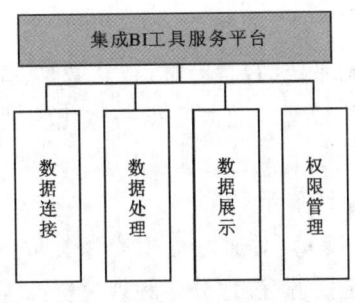

图 9-35 BI 工具模块划分

1) 数据连接

负责适配各种云数据源,包括但不限于 MaxCompute、RDS(MySQL、PostgreSQL、SQL Server)、Analytic DB、HybridDB(MySQL、PostgreSQL)等,封装数据源的元数据/数据的标准查询接口。

2) 数据处理

(1) QUERY 引擎:负责针对数据源的查询过程。

(2) 数据预处理:负责针对数据源的轻量级 ETL 处理,目前主要支持 MaxCompute 的自定义 SQL 功能,未来会扩展到其他数据源。

(3) 数据建模:负责数据源的 OLAP 建模过程,将数据源转化为多维分析模型,支持维度(包括日期型维度、地理位置型维度)、度量、星型拓扑模型等标准语义,并支持计算字段功能,允许用户使用当前数据源的 SQL 语法对维度和度量进行二次加工。

3) 数据展示

(1) 电子表格:负责在线电子表格(WebExcel)的相关操作功能,涵盖行列筛选、普通/高级过滤、分类汇总、自动求和、条件格式等数据分析功能,并支持数据导出,以及文本处理、表格处理等丰富功能。

(2) 仪表板:负责将可视化图表控件拖曳式组装为仪表板,支持线图、饼图、柱状图、漏斗图、树图、气泡地图、色彩地图、指标看板等40多种图表；支持查询条件、TAB、IFRAME、PIC和文本框5种基本控件，支持图表间数据联动效果。

（3）数据门户：负责将仪表板拖曳式组装为数据门户，支持内嵌链接（仪表板），支持模板和菜单栏的基本设置。

（4）分享/公开：支持将电子表格、仪表板、数据门户分享给其他登录用户访问，支持将仪表板公开到互联网供非登录用户访问。

4）权限管理

（1）组织权限管理：负责组织和工作空间的两级权限架构体系管控，以及工作空间下的用户角色体系管控，实现基本的权限管理，实现不同的人看不同的报表内容。

（2）行级权限管理：负责数据的行级粒度权限管控，实现对于同一张报表，不同的人看到的数据不同。

2. 应用系统大屏可视化平台

基于"绿水青山一张图"监测系统、智慧园林、智慧城管、智慧环卫、瓶装燃气信息化管理系统、行人闯红灯抓拍曝光系统、智慧农业大数据一体化管理系统等应用系统的建设，打造应用综合展示平台。

1）"绿水青山一张图"监测系统展示

（1）自然资源空间统计信息展示：对通过遥感影像提取的各类自然资源的监测数据成果，结合物联网监测数据，对国土资源、湿地分布和森林资源等进行空间统计信息展示。

（2）生态环境空间统计信息展示：对通过遥感影像提取的各类生态环境的监测数据成果，结合物联网监测数据，对水、大气、土和排放口污染源等进行空间统计信息展示。

（3）城市管理空间统计信息展示：通过遥感影像提取的各类城市管理的监测数据成果，结合物联网监测数据，对城市的综合管网、排水管道、园林绿化、城市违建的变化等进行空间统计信息展示。

2）智慧园林展示

（1）管理信息展示：对智慧园林抢险救灾、古树名木、智慧灌溉、园林公园等信息进行展示。

（2）监测预警信息展示：对智慧园林病虫害监控预警信息进行展示。

3）智慧城管展示

（1）基础业务可视化展示：包括无线数据采集、监督受理、协同工作等相关信息的展示。

（2）拓展业务可视化展示：包括GPS车辆监控、路灯智能照明、噪声监测、河涌管理等的可视化展示。

4）智慧环卫展示

（1）农村垃圾：包括农村垃圾溯源看板、中转站设备、收运车辆、垃圾实时计量等相关事件统计信息展示。

（2）公厕监管：包括公厕设备、蹲位占用、公厕大屏等相关事件统计信息展示。

5）智能交通集成指挥展示

（1）领导看板：包括违法数据每日变化情况的可视化展示和事故数量每日变化情况的可

视化展示。

(2) 实时监控：包括交通路况监控、交通视频监控和交通稽查报警灯的可视化展示。

6) 森林防火展示

(1) 森林资源监视：森林资源消长变化情况、森林病虫害和天然草地的监视；非法进入保护区进行植被砍伐活动的监控。

(2) 森林火灾监测：保护区的火情监控，防止森林火灾的发生。

(3) 野生动物监视：对野生动物的生存环境、种群数量等进行监视，对盗猎等行为进行监控。

7) 瓶装燃气信息化管理展示

(1) 瓶装燃气实名制销售管理：包括客户信息、订单信息、配送信息等的统计信息展示。

(2) GPS 车辆定位：送气车辆进行 GPS 实时位置和历史轨迹展示。

(3) 视频监控：视频实时监控展示。

8) 行人闯红灯抓拍曝光展示

(1) 曝光事件展示：对行人闯红灯抓拍曝光事件大屏效果进行实时展示。

(2) 统计信息展示：对行人闯红灯抓拍曝光事件相关统计信息进行展示。

9) 智慧农业大数据一体化管理展示

(1) 生产信息展示：对种植、养殖生产等相关监控信息进行展示。

(2) 管理信息展示：对种植、养殖生产等相关统计信息进行展示。

10) 安全生产监督管理展示

(1) 监管信息展示：对重大危险源、企业、烟花爆竹、隐患等监管信息进行展示。

(2) 统计信息展示：对重大危险源、企业、烟花爆竹、隐患等统计信息进行展示。

3. 人口库大屏可视化平台

提供全市总体人口指标数据展示、各地区人口情况空间展示、人口总体增长情况分析、不同性别年龄分布情况分析、人口素质情况分析、社会保障总体情况分析、精准扶贫成果情况分析、人口就业情况分析等指标分析与展示功能，并提供上述分析成果的服务接口。

1) 数字自然人概况

通过可视化的方式展示区域内数字自然人的特征统计情况，包括区域内自然人口、常住人口、暂住人口总量，年龄分布情况，退休人员情况，人口城乡构成，城镇人口占比，城镇总人口和农村总人口，新生儿性别比及总体人口性别比，婚姻登记和结婚情况。

2) 扶贫概况

扶贫户数量：统计指定地区或全湖北地区年度建档立卡扶贫户数量。

贫困人口总数：统计指定地区或全湖北地区年度建档立卡扶贫户人口总量。

贫困村总数：统计指定地区或全湖北地区年度建档立卡贫困村总量。

3) 个税扣除概况

对个税的扣除情况从规范性、覆盖率、减税情况、执行结果等角度进行分析，统计全市的个人减税力度和减税覆盖范围。

4)居民幸福指数

从就业和经济等角度对居民幸福指数展开宏观分析,了解地区居民幸福指数信息。

5)社会福利保障概况

从社会保险、养老保险、医疗保险、失业保险、公积金、各类惠民基础设施等方面分析地区社会福利覆盖情况。

6)居民收入概况

对居民收入水平、收入变化情况进行统计分析,从地区、行业等纬度分析展示地区居民收入情况、人均收入情况。

7)人口流动概况

从出生率、死亡率、迁入迁出情况、人口变动数、人口增长率、人口自然增长率分析人口变动情况,展示人口发展趋势。

4. 法人库大屏可视化平台

提供全市视角的各地区经济指标空间分布分析、各大产业总体经济运行情况分析、法人增长规模分析、税源税收情况分析、固定投资增长情况分析、自贸区建设成果分析、创新驱动落实成果分析、政府"放管服"落实情况分析等指标分析与展示功能,并提供上述分析成果的服务接口。

1)法人地域分布概况分析

通过可视化的方式展示区域内数字法人的特征统计情况,包括区域内法人数量统计、区域内法人规模统计、区域内法人类别统计、区域内法人纳税统计、区域内法人收入分布、区域内法人行业分布。

(1)区域内法人数据统计。

通过将对于区域内法人数量数据的整体描述,根据空间自相关,对于数据之间的差异性、空间异质性,采用样方分析;通过空间自相关的指数,对数据进行全局性描述,在地理加权回归的基础上做方法比较和回归系数检验,最终获取法人数量要素之间的相关性。

(2)区域内法人规模统计。

通过将对于区域内法人规模数据的整体描述,根据空间自相关,对于数据之间的差异性、空间异质性,采用样方分析;通过空间自相关的指数,对数据进行全局性描述,空间统计里面,在地理加权回归的基础上做方法比较和回归系数检验,最终获取法人规模要素之间的相关性。

(3)区域内法人类别统计。

通过将对于区域内法人类别数据的整体描述,根据空间自相关,对于数据之间的差异性、空间异质性,采用样方分析;通过空间自相关的指数,对数据进行全局性描述,空间统计里面,在地理加权回归的基础上做方法比较和回归系数检验,最终获取法人类别要素之间的相关性。

(4)区域内法人纳税统计。

通过将对于区域内法人纳税数据的整体描述,根据空间自相关,对于数据之间的差异性、空间异质性,采用样方分析;通过空间自相关的指数,如莫兰指数、join count、Geary's C等,对数据进行全局性描述,空间统计里面,在地理加权回归的基础上做方法比较和回归系数检验,最终获取法人纳税要素之间的相关性。

(5)区域内法人收入分布。

通过将对于区域内法人收入数据的整体描述,根据空间自相关,对于数据之间的差异性、空间异质性,采用样方分析;通过空间自相关的指数,对数据进行全局性描述,空间统计里面,在地理加权回归的基础上做方法比较和回归系数检验,最终获取法人收入要素之间的相关性。

(6)区域内法人行业分布。

通过将对于区域内法人行业数据的整体描述,根据空间自相关,对于数据之间的差异性、空间异质性,采用样方分析;通过空间自相关的指数,对数据进行全局性描述,空间统计里面,在地理加权回归的基础上做方法比较和回归系数检验,最终获取法人行业要素之间的相关性。

2)法人智能决策分析

从业务角度出发,以智能报表、可视化图表、数据模型加工、AI算法等高度解耦的组件、工具、能力作为技术支撑,快速生成和提供面向特定业务方向的专题分析集,包括法人产业分布、法人信用分类统计、地区产业投资规模增长趋势等。

(1)法人产业分布。

根据业务角度和国家对第一产业、第二产业、第三产业的分类标准,统计区域内法人的产业结构构成。

(2)法人信用分类统计。

根据业务角度对区域内法人的信用信息进行信用评估分析,获取信用A等级数据进行统计。

(3)地区产业投资规模增长趋势。

根据业务角度和国家对第一产业、第二产业、第三产业的分类标准,统计区域内各产业的投资规模增长趋势。

5. 空间地理库大屏可视化平台

提供全市视角的地图资源、自然保护区分布情况、路网分布情况、建成区统计情况、湖泊分布情况、全市政务位置分布情况、全市旅游景点分布情况、美丽乡村分布情况、地质分布情况等指标分析与展示功能,并提供上述分析成果的服务接口。

(1)地图资源展示。

建设空间地图展示模块,循环展示目前已经接入并发布的地图服务资源,方便用户直观了解并查看相关的空间地图服务。

(2)自然保护区分布情况展示。

基于自然地理空间专题数据库提供的数据支撑,统筹展示××市范围内的自然保护区分布情况,并通过空间地图展示框架,在地图上展示自然保护区空间分布情况。

(3)路网分布情况展示。

基于行业应用专题数据库提供的交通数据支撑,统筹展示××市范围内的路网建设里程数据情况,并通过空间地图展示框架,在地图上展示××市范围内公路、铁路的路网空间分布情况。

(4)建成区统计情况展示。

基于基础地理空间数据库和地理空间专题数据库提供的行政区划、城市高分影像数据支撑,统计展示××市各区县建成区面积变化情况,并通过空间地图展示框架,在地图上展示××市各区县建成区的空间概况。

(5)湖泊分布情况展示。

基于自然地理专题数据库提供的交通数据支撑,统筹展示××市各区县范围内的湖泊名称、水域面积、所属流域等方面的情况,并通过空间地图展示框架,在地图上展示××市范围内湖泊及水域的空间分布情况。

(6)全市政务位置分布情况展示。

基于基础地理空间数据库及行业应用专题数据库提供的政务网点及空间数据支撑,统计展示××市各区县范围内政务服务网点数量、类型等方面的情况,并通过空间地图展示框架,在地图上展示××市各区县政务服务网点的空间分布情况。

(7)全市旅游景点情况展示。

基于行业应用专题数据库提供的全市旅游景点数据支撑,统计展示××市范围内著名旅游景点名称、等级、数量等方面的情况。

(8)美丽乡村分布情况展示。

基于自然地理空间专题数据库及行业应用专题数据库提供的数据支撑,统计展示××市范围内美丽乡村的名称、数量、特色等方面的情况。

(9)地质分布情况展示。

基于自然地理空间专题数据库及地理空间专题数据库提供的数据支撑,统计展示××市范围内地质灾害、矿山矿区、地质遗迹等方面的情况。

9.5 典型应用示范系统建设

基于时空大数据平台各类服务接口和政务管理、社会服务需求进行典型应用示范系统的开发,主要包括"绿水青山一张图"监测系统、智慧园林、智慧城管、智慧环卫、瓶装燃气信息化监督管理平台、行人闯红灯抓拍曝光系统、智慧农业大数据一体化管理平台、安全生产监督管理平台等。

9.5.1 政务管理

1. "绿水青山一张图"监测系统

"绿水青山一张图"监测系统主要利用高频次的卫星定量遥感大数据(如高光谱数据),

辅以航空遥感、地面传感器、移动互联网、社会人文经济等多源大数据等,对全市的生态环境、自然资源、农业农村、应急管理、城市建设、交通建设等要素进行快速和精准的监测分析,并在人工智能技术的支持下,为各级政府的精确决策、精细管理提供决策支持。

"绿水青山一张图"监测系统既可以独立工作,也可以组件或插件的形式与现有的"智慧城市"系统相结合,成为现有系统的有效补充,丰富其内容,提高其服务能力。

本系统主要包含三大功能。

"天、空、地"一体化的多源大数据采集:利用卫星、飞机和地面传感器等方式,针对市全境进行"天、空、地"一体化的高频次多源遥感大数据采集,采集的数据类型包括高光谱卫星遥感数据、亚米级高分辨率卫星遥感数据、雷达遥感数据、航空摄影数据、地面传感数据等。

多源大数据处理/分析/应用:将采集到的多源数据进行处理、分析,得出与"绿水青山"要素(含自然资源、生态环境、农业农村、城市规划、交通管理、应急管理等领域)相关的专题应用报告,提供给相应的政府部门使用。

人工智能决策支持:在相关决策模型和人工智能算法的支撑下,将前期采集的海量数据和信息进行精细分析和可视化展现,发挥大数据在城市运行、自然资源监测、生态环境监测、行业经济运行、管理效能评价等方面的作用,为各级政府管理提供基础支撑、预测、研判等综合支持,助力提升政府基于大数据的科学决策能力。

2. 智慧园林

园林绿化是城市发展的重要标志,也是生态环境可持续发展的一个重要保证。随着园林绿化面积逐步增加,对其养护管理人员投入成本上升、管理不到位等问题也日益突出。针对存在的问题,如何充分地发挥科技在园林管理中的高效作用,是所有园林管理部门、园林企业探索的方向。

为贯彻落实《城市绿化条例》和《国务院关于加强城市绿化建设的通知》,需要充分运用地理信息系统技术(GIS)、遥感技术(RS)、全球定位技术(GPS)、测绘技术、计算机技术、数据库技术、网络技术等现代信息技术,建立以空间数据库为基础的园林综合管理平台,通过信息系统数据资源的共享和智能化决策支持来提高园林维护和管理的效率、妥善进行园林的建设,最终实现城市园林绿地规划设计、建设施工和管理养护全过程的数字化、网络化、可视化、智能化。为此,通过管理制度、管理手段与管理方法的创新,以新一代信息网络基础为依托,集硬件、网络、通信、物联网、互联网、软件、大数据、云计算等多种信息技术于一体的智慧园林解决应用平台建设应运而生。

本系统主要建设内容包括以下几个方面。

抢险救灾管理:进行抢险工作、救灾物资、补植、应急预案等的管理。

古树名木管理:建立全面的古树管理档案,通过技术手段全面还原古树全貌;记录古树生长曲线;监督正常的养护、修剪、复壮工作;利用科技数据建模,对古树生长进行监测及预报等。

智能灌溉管理:针对全社会缺水现状,将先进灌溉技术引入城市园林管理中,根据不同管理对象,设计由点到面的灌溉图纸,在监测数据的基础上,进行有针对性的节水灌溉,做到不浪费一滴水,不少浇一株植物。将科技手段植入城市的可持续发展中。

园林公园管理:利用现代化管理技术对园林公园管理水平进行评估,针对管理薄弱环节,提出有效整改措施,加强公园管理系统化联系,将管理数据有效整合,为公园管理提供科学决策。

病虫害监控预警:根据病虫害发生、发展特点,制定有针对性、可操作性的监测方法及手段,收集、整理监测数据,并对数据进行建模分析,对病虫害发生、发展进行有效、科学的预测报,为管理单位提高防治效率,减少防治费用。

工作管理:进行园林数据、日常养护、工作分工、巡查工作、卫生清理、设施台账等的管理。

3. 智慧城管

智慧城管系统以信息化手段和移动通信技术手段来处理、分析和管理整个城市的所有部件和事件信息,促进城市人流、物流、资金流、信息流、交通流的通畅与协调。换句话说,就是把井盖、路灯、邮筒、果皮箱、停车场、电话亭等城市元素都纳入城市信息化管理的范畴,给每件公物配上一个"身份证",如果街道上的井盖坏了,家门口的路灯不亮了,不用打投诉电话,在移动 GPS 定位系统的跟踪搜索下,有关部门就会在第一时间发现并把问题解决。

本期智慧城管系统以"五位一体"城管物联网平台为基础推动智慧城管的建设工作,构建城市环境秩序和资源感知平台、云到端基础支撑平台、综合应用平台三大平台架构,推动城管内部的业务流程再造,形成巡查及录入、巡查及监控,感知数据驱动的高峰勤务,基于创新2.0的公共服务三大业务新模式,推动城市管理精细化、智能化、社会化的发展进程。

本系统主要实现以下功能。

智慧城管可视化平台:①通过视频综合管理平台实现实时监控、分组管理、视频分发、远程控制、检索回放、综合查询等功能;②通过单兵执法子系统满足各种执法取证、执勤记录、行政监管等单人便携式监控需求,具备本地预览、录像存储、图片抓拍、语音对讲、报警联动、3G/4G/Wi-Fi 无线传输、平台集中管理、GPS 定位等功能;③执法记录仪子系统,具备摄录、数据存储、地理位置定位、视频无线回传、支持外接对讲机、语音通话、时间校准等功能;④执法车取证子系统,将动态取证系统安装在执法车辆上,使用车载云台获取相关视频信息,数据存储在车载硬盘录像机中,实时视频通过无线网络上传至中心,可有效解决大容量视频数据长期存储的问题;⑤无线布控球子系统,采用先进的自主知识产权核心技术,具有 1080P 的高清分辨率,图像画质清晰、细腻,可实现本地双 SD 卡存储最大存储容量 32GB,支持双 3G/4G 网络接入、GPS/北斗卫星定位等功能,同时,布控球适用于各类布控环境,比如支持背光补偿功能,适应于背光环境下前景物体的监控,支持自动彩转黑,实现昼夜监控,支持透雾功能,使图像画面更加通透,可实现在大雾或爆炸后烟雾较浓的情况下使用;⑥通过固定点视频监控子系统,实现市容环境监控、城市综合执法监控、市政设施监控、环卫设施监控、公共设施监控和河道监控;⑦通过无人机巡查子系统,有效弥补人力在城市管理工作中的不足,它不但可以进行高空俯视,还可以方便城市管理人员查看视野范围内无法触及的地方,对目标区域进行全面近距离的观察,帮助我们掌握真实情况,提高执法效率,丰富取证手段,形成一套"发现—制止—报告—处理—监督"的查控流程。

智慧城管基础业务系统：①通过无线数据采集子系统完成城市管理监督员对现场信息的快速采集与上传上报；②通过监督受理子系统统一受理巡查员"城管通"拍照上报、视频巡查员巡查发现、城管网站民众投诉件、媒体曝光件、市长上线督办件、领导批示件、群众信访件等城市综合管理问题；③通过协同工作子系统，监督中心、指挥中心、各个专业部门和各个领导完成城市管理各项业务的具体办理和信息查询；④通过综合评价子系统建立一整套科学完善的监督评价体系，对城市管理的各方面进行考核评价，既能监督城市管理中产生的具体问题，又能监督管理执法质量；⑤通过应用维护子系统，系统管理员可以快速搭建、维护城市管理业务，定制业务工作流程，设置组织机构，并能方便快捷地完成工作表单内容样式调整、业务流程修改、人员权限变动等日常维护工作；⑥通过地理编码子系统，提供地址匹配等相应的功能接口，实现资源信息与地理位置坐标的关联，建立起地理位置坐标与给定地址的一致性，在空间信息支持下进行有效的分析和决策应用；⑦通过基础数据资源管理子系统，进行基础地理信息、城管专题等的空间数据和非空间数据的管理；⑧通过数据共享与交换子系统，使各级部门间数据及时、高效地传达，快速实现不同机构、不同应用系统、不同数据库之间基于不同传输协议的数据交换与信息共享，为各种应用和决策支持提供良好的数据环境。

智慧城管拓展业务系统：①GPS车辆监控管理子系统，通过GPS技术实现对移动指挥车、巡查车、环卫车、运渣车等车辆的监控指挥，实现地图定位和回放轨迹；②户外广告管理子系统，通过数字化的城市户外广告建库，并与广告牌审核、执法等业务相结合，实现城市户外广告规范化、商业化、条理化、美观化管理；③井盖定位管理子系统，在井盖上安装电子标签，RFID读写器通过对电子标签的无线识别过程，对井盖的状态、位置信息进行集中采集、自动获取，并通过无线传感网络发送给后台系统管理中心。当井盖处于异常状态时，电子标签发出报警信息。报警信息通过无线传感网络发送给后台系统管理中心，后台系统管理中心收到报警信息后以短信的方式发送到相关管理人员的手机，相关管理人员核实信息并进行现场处理。井盖异常状态处理完毕后，可以通过手持机识别并修改井盖的标签信息，修改后通过无线传感网绚将信息上传至后台系统管理中心，后台系统管理中心直接解除报警提示；④路灯智能照明控制子系统，将物联网应用进LED路灯，可以单独改发光源、功率，根据不同时段、路段的车流量变化等，对特定区域和时间进行精确控制照明，在满足正常需求下实现最大限度地节能减排；⑤噪声监控子系统，创新建设噪声监测系统，强化工地管理和广场管理。在工地、广场、学校附近建设离线式噪声监测系统，通过一段时间固定部署在附近的各种噪声监测采集设备，通过中继设备汇集信号，实时将现场监测图像和数据回传到远程监控中心，中队可立即发现违规行为并进行查处治理；⑥河涌管理子系统，针对目前城市管理实际情况，建议搭设一套基于计算机网络系统的软硬件探测与监控的河涌水面保洁整治、水位监测管理系统，监控河涌水面情况、水位高度情况，形成一套更高效、更灵活、更科学、更完整、更系统的解决方案。

智慧城管业务流程系统：①组织架构建设，"智慧城管"系统采用"一级监督、协同指挥"的模式，即依托统一的"智慧城管"系统平台，下设"二级信息平台"。以智慧城管指挥中心为龙头，实现对城管问题处理的统一监督和指挥。各承担城市管理职责的部门建立二级信息平台,即由指挥中心开通相应的权限,接入智慧城管监督指挥中心。智慧城管指挥中心负责城管问题的分派、监督和考评,并将任务按责任区域分派到各相关处理部门的终端。各二级信息平台按照智慧城管指挥中心的指令处理问题,然后将处理结果反馈到智慧城管指挥中心;②工作流程建设,根据中华人民共和国住房和城乡建设部(简称建设部)行业标准《城市市政综合监管信息系统建设规范》(CJJ/T 106—2005)的要求,智慧城管管理模式的工作流程一般包括信息收集、信息登记与核实、任务立案、任务分配与处理、核实结案和综合评价6个阶段。根据管理的要求,在标准流程的基础上创新出符合××市实际的智慧城市管理流程;③考评机制建设,评价体系是保证问题得到落实的有力措施,是新模式健康运行的保障,评价需要纳入对各城区、各部门相关人员的绩效考核。评价主体为智慧管理信息指挥中心,评价对象是城市管理信息采集员、专业管理部门、智慧管理监控指挥中心、城市管理办公室和四级责任主体。评价内容是对城市管理的工作过程、责任主体、工作绩效和规范标准进行评价。评价方法是利用智慧城市管理信息平台所积累的数据,通过对各评价对象设计的各项评价指标,利用加权综合评分法,对每个评价对象由系统自动生成评价结果。

4. 智慧环卫

随着我国城市化进程的不断加快,城市环境卫生水平也越来越受到社会的关注。作为城市"脸面"的环境卫生状况直接体现着一个城市的管理水平。随着信息化水平的不断提升,我国城市环卫工作手段也发生了深刻的变化,环卫管理及作业方式要与时俱进,适应新的形势。

为进一步满足××市对环卫工作"规范化、科学化、可视化"管理和城市精细化管理的要求,同时配合市城市管理执法局环卫处建设需要,结合智慧××市时空大数据平台建设实际,提出"智慧环卫"系统的建设,借助信息化手段,来帮助管理部门准确管理各种资源,合理安排日常工作,大大提高工作效率,降低工作成本。

本系统主要建设内容包括以下几个方面。

农村垃圾溯源管理子系统:实现各乡镇垃圾收运车辆的收运记录和垃圾产量的统计分析,包括农村垃圾溯源看板、中转站设备信息管理、收运车辆基础信息管理、垃圾实时计量管理、人工补单审核管理和垃圾产量统计分析等模块的建设。

公厕管理子系统:建立城市公厕管理新模式,运用物联网、数据模型及智能分析技术实现日常公厕巡更的智能化、公厕服务便民化和公厕建设规划科学化。运用公厕工控一体机实现人员上岗情况、公厕气味等级、人流量等数据集中传输至监控中心,实现公厕的综合监控,包括公厕设备管理、吨位占用监测和公厕大屏引导APP的建设。

餐厨垃圾监管子系统:系统预留接口,考虑未来与餐厨垃圾系统进行数据对接或平台整合。

垃圾分类管理子系统:系统预留接口,考虑未来与垃圾分类系统进行数据对接或平台整合。

建筑垃圾管理子系统:系统预留接口,考虑未来与建筑垃圾管理系统进行数据对接或平台整合。

5. 智能交通集成指挥平台

智能交通集成指挥平台,集通信、指挥、控制、信息于一体,将先进的控制策略、数据挖掘、云计算、图像处理、多源信息融合、GPS/GIS技术等应用到城市交通视频监视、交通信号控制、交通诱导、交通事故接处警等系统中,强化交通管理信息与功能的集成,实现各类交通数据资源的高度共享、集中管理、综合利用,保证信息掌握及时准确、指挥调度科学高效,促进多系统、多部门协同作战。

本系统建设功能包括以下几个方面。

领导看板功能:包括违法数据每日变化情况的可视化展示和事故数量每日变化情况的可视化展示。

基于P-GIS的交通信息管理功能:结合指挥调度功能在P-GIS系统上对道路信息、交通流信息、设备信息、图像信息、报警信息、轨迹信息、其他采集交警业务管理信息、与相关部门交换和共享的信息,以及其他GIS相关信息进行展示。

多种方式的交通路况监控功能:主要实现对交通采集系统的监视和对交通信号系统的监控。

对交通视频监视系统的监控:平台集成有交通视频监视系统前端分布图层的GIS地图。用户可以选择GIS地图上的交通视频系统图标,系统将指定的视频信号切换到视频输出端,随时供指挥者调阅、查看。

基于预案的勤务管理功能:主要实现特殊勤务预案、特殊勤务管理、日常勤务管理、勤务监督等功能。可对特殊勤务和日常勤务进行预案布置,利用GPS定位系统进行布岗,对到位情况进行监督。还可在电子地图上直观看到警力分布情况,及时就近安排警力处警。在特殊情况下,如消防、警卫、救护等,由指挥中心发出指令,进行特殊控制。

基于多渠道事件发现的指挥调度与快速出警功能:及时接收、处理交通和治安事件报警,基于预案库和辅助决策技术,科学调度辖区内警力,快速处置道路交通和社会治安突发事件,并可对预案执行情况进行监督、分析、评价、完善。

车辆稽查报警功能:主要对车辆黑名单进行管理、布控、报警,对过往车辆实施追踪和行车轨迹的查询、回放。主要包括黑名单布控、黑名单查询、稽查报警、报警查询、套牌车管理、实时追踪、追踪查询、轨迹回放等功能。

交通违法预处理功能:包括违法数据分拣与录入、违法数据查询、特种车辆维护、特种车辆违法查询等功能。能够自动采集、组织违法数据,工作人员可以直观、快捷地查询违法信息并执行数据分拣操作。能够提供违法数据的手工录入功能作为补充。对特种车辆及其违法数据提供独立功能进行管理。

交通数据查询与分析研判功能:对交通状况、交通事故、交通违法、机动车、驾驶人进行综合性关联分析,分析其与各种因素间的隐含关系、规律、趋势,为交通管理工作服务。

停车诱导功能:根据室内停车场的车位信息,在道路上发布车位信息,并减少车辆在道路上的巡泊时间,缓解交通压力和车辆占道停车的状况。

路面设施基于GIS数据采集:路面交通设施管理涉及大量标志、标线等信息,精度要求高，维护工作量大，应当由专业应用系统实现。P-GIS基础平台为其数据采集提供简单点状设施的地图标注；对路口标线等复杂设施的标绘由设计部门提供CAD格式文件；系统将其转换为图片格式存入数据库中供浏览使用等。

城市交通信息基于GIS的管理：主要实现驾驶员分布管理、车辆分布管理、客运单位分布管理、城市道路流量监控、占道施工信息管理、停车泊位管理、管制措施管理、诱导屏管理。

6. 智慧农经

《全国农村经营管理信息化发展规划（2013—2020年）》中指出，农经信息化是推进农村社会建设的客观要求，是推进现代农业的必然要求，是推进农经工作科学化水平的迫切要求。农村经营管理工作关系党的农村经济政策的落实，关系农业生产力的发展，关系广大农民的切身利益，须认真贯彻党中央、国务院对"三农"工作的决策部署，顺应农民的现实关切，健全农村产权管理机制，全面加强农村集体资金资产资源管理，以信息化推动农村土地承包状况、减轻农民负担政策落实、集体经济收益分配、村级公益事业建设信息公开，保障农民群众的知情权、参与权、表达权、监督权等民主权益，指导扶持农民专业合作社发展和农业产业化经营，推动农民专业合作社、农业产业化龙头企业及其他农业社会化服务组织生产集约化、管理智能化、交易电子化、服务规范化，加快信息化和现代农业深度融合。

依托智慧城市时空大数据平台的高效处理框架，充分利用大数据平台提供的服务、功能、存储、开发等工具，将农村产权数据、经济管理数据、政务公开等数据进行有效融合，搭建方便、快捷、安全的智能化农经产业应用，服务于各级人民政府、社会公众特别是广大农户，使农村产权和经济管理更加科学有效、公开透明，保证农民群众的合法权益，并以此为基础推动农业信息化、现代化的发展。

本系统建设功能包括以下几个方面。

智慧农经信息管理系统：实现农经数据标准化、农经业务流程程序化、监管服务公开化，健全土地承包登记、流转交易、仲裁管理与服务，加强农村集体资金资产资源管理。具体可包括对土地承包经营权管理子系统、土地流转综合交易子系统、农村三资管理子系统、农村公益事业筹补监管子系统等的建设。

智慧化农经信息大众化服务平台：在智慧城市时空大数据平台公共服务的基础上，结合农经相关的业务办理，延伸打造农经信息大众化服务平台，实现广大农民对土地产权的查询、对土地流转交易的信息获取、业务办理和进度查询，农村资产、农业补贴等与村民生产生活密切相关的信息查询。将主要进行农经数据资源共享服务平台、农村产权公众查询及办理平台和相应APP开发，农村政务公开APP及微信公众号等信息化系统的建设。

智慧化农业生产：基于农经相关数据，利用农情遥感监测技术、"物联网、移动互联网、云计算"和传感器技术，实现农业生产的宏观监测和精细化管理。具体可包括对农情监管子系统、农业生产精细化控制子系统等的建设。

7. 不动产登记信息管理平台

整合目前分散在各部门的不动产登记数据，建成覆盖××市的不动产登记数据库，在智慧城市时空大数据平台的基础上搭建不动产登记信息管理应用,实现不动产审批、交易和登记信息在有关部门间依法依规互通共享,加快形成权界清晰、分工合理、权责一致、运转高效、法治保障的不动产统一登记体系,最终实现各类不动产从分散登记到统一登记的转变,保障不动产交易安全,保护不动产权利人的合法财产权。

不动产登记数据库管理系统:以数据库和GIS平台软件为基础,对不动产登记信息相关的空间数据、属性数据、图片等各类数据进行统一管理和维护,满足不动产登记数据的检查入库、组织管理、查询检索、导入导出、数据分发、专题制作、更新维护等要求。由于不动产登记数据类型多、数据海量、支撑不同的应用,需要针对不同类型的数据、不同的应用,合理设计数据组织和存储管理策略,提高应用效率。

不动产登记信息汇交与监管系统:信息平台有效运行的驱动力之一,提供各级不动产登记机构接入该平台进行数据汇集,确保各级不动产登记机构的登记信息实时纳入不动产登记信息管理基础平台,实现各级不动产登记信息实时互通共享和同步更新。

不动产登记业务管理系统:平台提供的业务应用系统,为不动产登记申请、受理、审核、登簿等全流程提供服务,实现各级不动产登记日常业务的网络化、透明化、柔性化和规范化管理。通过不动产登记信息系统的运行,实现不动产登记数据库的实时更新,保障数据库的现势性。

不动产权籍调查成果管理系统:实现对不动产权籍调查成果的统一管理,并建立与不动产权籍调查测绘软件和不动产登记信息管理系统之间的关系。

不动产登记档案管理系统:实现对不动产登记档案的电子化管理。

不动产登记信息共享与查询系统:包括4个方面的功能,一是面向不动产审批和交易主管部门的业务共享服务;二是面向相关部门的信息共享服务;三是面向权利人和利害关系人的社会化查询服务;四是面向不动产登记机构的信息综合分析服务。

8. 行人闯红灯抓拍曝光系统

随着××市经济发展的不断深入,人民生活品质日益提高,机动车辆保有量也不断增加,管理部门越来越重视,利用城市智能交通管理系统等科技手段可显著提高交管部门的交通管理能力,缓解交通拥堵,抑制交通事故,预防、打击涉车案件,进而提高整个城市交通综合管理水平。实践证明,要缓解日益增长的交通管理压力,维护人民群众安定平和的出行和治安环境,快速接警处警,应对可能出现的突发事件,提高管理和服务效率,仅靠增加警力的数量扩张是远远不行的,必须走科技强警之路,实现管理模式由体能型向智能型、管理方式由经验型向科技型、管理手段由管理型向管理服务型的转变和飞跃,才能与政府职能的转变保持同步,更加密切把握住社会进步的脉搏。利用科技手段实现对道路交通进行有力的治理,既能有效地防止此类交通违章行为,减少由此引起的事故,又能对违章的驾驶员起到威慑作用,促进交通秩序良性循环,也能将部分交警解放下来,在一定程度上缓解警力不足,真正体现向科技要警力的无穷力量。

本项目建设为××市内打造一套集行人闯红灯自动抓拍系统、语音提示系统、违法行为曝光及后台人脸识别比对、信息发布系统等相结合的综合智能交通管理体系,合理、规范地引导民众出行,缓解警力投入压力。

本系统主要建设内容包括以下两个方面。

行人闯红灯抓拍曝光系统:通过视频采集及人脸识别,对行人闯红灯自动监视和报警,结合语音提示、特写警示等方式,在不需要人工介入的前提下实现对行人过街的规范管理,减少行人闯红灯次数,降低交通事故发生概率,从而构建一个安全和谐的城市交通出行环境。

语音提示桩系统:从语音和灯光两方面实时对行人和车辆进行提示,达到降低人行横道上交通事故的目的,构建一个安全和谐的城市交通出行环境。

9. 数字乡村综合政务管理平台

中央农办、中华人民共和国农业农村部(简称农业农村部)、中共中央组织部、中共中央宣传部、中华人民共和国民政部(简称民政部)、中华人民共和国司法部(简称司法部)下发开展乡村治理体系建设试点示范工作的通知,旨在根据《中共中央 国务院关于坚持农业农村优先发展做好"三农"工作的若干意见》《中共中央 国务院办公厅关于加强和改进乡村治理的指导意见》的要求,根据我国农村经济社会发展需要和乡村治理体系建设发展情况,重点围绕加强农村基层基础工作,健全党组织领导的自治、法治、德治相结合的乡村治理体系开展乡村治理体系建设试点示范工作。本系统通过"互联网+"治理的模式,提出通过信息化建设来不断完善加强基层自治能力,通过标准化的基层服务、治理、监管等工作手段,提供智能化、精细化、专业化水平的基层治理平台。

主要建设内容包括以下几个方面。

组织管理。党建引领基层社会治理智能化与精细化,加强基层党建党务管理,提升集成党员队伍的能力,乡村治理体系主要针对党员管理、党组织管理、发展党员、流动党员管理、在职党员报到、党费缴纳等部分进行了功能开发与实用性探索。借鉴各地经验,在自治、法治、德治融合上下功夫,进一步加强村级党组织和屯党支部建设,深化以创建基层治理模式为引领的乡村治理体系建设。

政务治理。政务治理是基层治理的重点工作,在整体信息化建设安排中要紧抓党建引领基层社会治理智能化与精细化的重要意义,充分发挥基层党组织和党员作用,提升基层社会治理的综合能力与整体水平,加强对党员、基层干部的考核与监管,让群众参与到基层治理工作中来,通过互联网手段将乡村政务、党务、村务工作告知群众,增强群众的参与感、幸福感,实现高效、智能、标准化的新型治理服务方式的转变,为基层自治提供服务。

乡村产业。农民富裕、经济发展是乡村治理的重要目的之一,为各地农业产业提供相关服务,通过对土地、电商、休闲旅游、资源资产等相关方面的数据管理与服务,大大提升村(居)、乡(镇)、区(县)等对基层个人产业、集体资产的监管,通过大数据分析,为各级领导者提供基层产业发展"一张图"。

依法治理。加大基层教育学习培训,通过在线教育学习,提升群众法律意识、了解国家政策法规、加快推进乡村依法治理,关键在人,重点推进乡村法治建设工程。实现线上法律咨询服务,精准管理"一村一法律顾问"服务架构,充分发挥屯委会成员"人熟地熟情况熟"的优势,依法调处化解基层矛盾,做到小事不出屯、大事不出村。

环境治理。改善农村人居环境、建设美丽宜居乡村是乡村治理的一项重要任务。充分发挥基层党员队伍带头作用,在推进农村生活垃圾治理、农村改厕及粪污治理、农村污水治理、村容村貌提升四大攻坚工程中的组织实施和监督管理作用,搭建美丽乡村、人居环境信息化管理工具,探索建立完善"管护长制"长效工作机制,通过信息化手段实行村民轮流值日制度,相互进行监督检查。

自治协商。自治协商是基层乡村治理的发展趋势,引领群众参与乡村治理,利用群众的力量加快乡村治理的进度,是自治协商模块要解决的关键性问题。

德治宣扬。德治宣传作为乡村治理的重要环节,是为各村(居)民打造集中服务的精神文明窗口,充分发挥党员在社会主义核心价值观方面的宣传作用,倡导社会公德、职业道德、家庭美德的社会新风尚,着重培育家庭和睦、敬老爱幼、邻里和谐、移风易俗的社会环境,组织开展文明宣讲活动,为农民送去精神食粮。

基层大数据中心。实现对基层产业、治理、服务相关数据的不断采集与汇总,形成村(居)、乡(镇)、区(县)、市(州)各级基层大数据数据库,用以辅助基层产业发展、乡村治理监管、民生服务配套等相关基层事务的数据支撑,通过数据采集、统计、存储、交换、比对、分析实现各类数据报表,为基层各类工作内容提供数据共享。

治理能力提升。根据基本政务工作实际情况,为满足村(居)、乡(镇)、区(县)各级管理人员内部沟通、工作管理、内部审批、报表管理的要求,通过信息化管理手段完成基层政务工作效率的提升。

发布渠道管理。为了满足各级管理部门、村(居)对乡村治理体系工作的需求,通过Web信息门户、微信小程序、可视化数据大屏、便民触控一体机、户外LED展示大屏等多种渠道提供相关管理、展示功能。

系统管理。系统管理是对村(居)、乡(镇)、区(县)三级平台操作人员提供标准化的账号管理、权限管理、角色管理的模块。

10. 自然资源与规划基础信息平台

按照国家机构改革意见,各省陆续召开全省机构改革动员大会,对全面推进改革作了安排部署,组建各省的自然资源厅。通过本次机构调整,全面统筹自然资源的管理,提升系统治理水平,做好自然资源与规划"一张图"的建设,实现"摸家底、做评价、定规划",利用丰富的自然资源和国土规划大数据分析,依靠观测、监测、模拟、预警全流程技术体系,做好自然资源和国土空间的科学规划、开发利用、保护管护、治理监督等政府管理,履行好自然资源和国土空间的用途管制与监管职能。

而自然资源与规划基础信息平台则是对机构调整后新职责的践行,通过统一数据标准、统一技术规范、统一数据管理,建设自然资源与规划基础信息平台,建立一体化空间规划体系,实现自然资源统一调查和确权登记成果管理,促进自然资源有偿使用,对明确自然资源工作新定位、职能转变、贯彻坚持人与自然和谐共生的基本方略具有重要意义。

本系统主要建设内容包括以下几个方面。

建设综合性大数据体系。统筹规划土地、矿产、森林、草地、湿地、水利等各类丰富的数据资源,构建时空一体化的自然资源与国土规划大数据体系,有效推进管理方式从"依靠经验"的定性管理方式到"数据驱动"的精准治理方式的转变,有效促进数据应用发展。

建设自然资源基础信息平台。主要实现自然资源与国土规划数据管理、自然资源云服务(包括云资源管理、数据服务和应用服务)、国土规划云服务(包括数据服务、业务服务和应用服务)、面向部门内部的业务服务,以及面向其他行业和政府部门的共享服务。

统一"自然资源和国土空间规划云"基础环境。依托现有的基础设施环境,开展满足自然资源与规划基础信息平台部署运行、应用服务和数据安全的计算、存储、网络等基础设施的建设。包括为自然资源与国土规划数据的汇集、整合、服务提供纵向互通、横向互联的网络体系;为自然资源与国土规划数据存储、基础信息平台的运行提供存储与计算环境;为自然资源与规划综合管理云平台的数据安全、稳定运行提供安全保障体系。

11. 自然资源政务"一张图"系统

为全面贯彻党中央、国务院关于实施国家大数据战略、加快数字建设数字中国,全面深化"放管服"改革,深化简政放权、创新监管方式、优化政务服务,深入推进"互联网+政务服务"。加快建设××市智慧政务惠民政务网点服务平台,实现审批"只进一扇门""最多跑一次""不见面审批"等功能,深化落实"放管服"改革,方便企业和群众办事创业。

本系统主要建设内容包括以下几个方面。

政务服务事项网办系统。实现不同的网办方式,包括依托市一体化平台全流程网办,市一体化平台受理、厅业务系统审批流转、进度和结果推送到市一体化平台、线上申请、线下邮寄材料和结果等各种符合事项实际办理要求的网络化改造方案,对已有信息化系统的政务服务事项进行改造后与一体化平台对接,对没有信息化系统的政务服务事项开发相应系统实现网络化改造并与一体化平台对接。

统一的内部对接平台。原有业务系统众多,部分系统在不断演化,且内部系统需要互相对接,需要通过建立统一的对接平台,实现网上办理申请推送、结果反馈和安全控制、流量控制等功能,各个内部系统需要和统一的内部对接平台进行对接,由内部对接平台和市一体化平台对接,达到对接的灵活和高效。

自然资源数据共享服务平台。通过推送事项办理结果数据或事项办理系统与省共享交换平台对接等方式,实现每个资源目录下的资源数据挂接,并通过前置机共享;针对需求清单事项,开发共享接入系统,调用共享平台开放的接口或者提取共享数据,实现外部共享数据接入自然资源局业务系统。

互联网+监管。政务监管系统需要和省"互联网+监管"进行无缝对接,以适应信息化新形势发展需要。通过对监管平台的完善和扩展开发完成全效能分析、全业务监管等功能。

12. 城市公务车智能管理信息系统

结合先进的卫星导航定位系统实现公务车监控、科学调度、精确指挥,以及对用车情况的统计分析,为公务车管理绩效提供有效依据,实现对公务车运行的流程化、动态化、网络化、透明化、人性化管理。在充分考虑政府用车的特殊安全需求的情况下,提高了政府部门的用车效率、对突发事件的车辆调度能力、公共管理和服务水平,成为当前解决公务车问题的有效方式。基于北斗 CORS 网络的城市公务车辆智能管理信息系统,在充分考虑政府用车的特殊安全需求的情况下,提高政府部门的用车效率,提高对突发事件的车辆调度能力,提升公共管理和服务水平,使车辆开支不再成为沉重的经济负担,杜绝公车私用的不正之风,为建设节约型社会贡献力量。

北斗位置数据接入服务。公务车辆上安装好北斗定位设备后,系统通过接收终端发送过来的实时定位等信息,可对车辆进行全天候监控,并将车辆的轨迹信息存入数据库中,方便后台管理系统实现车辆跟踪、行车轨迹查询和监控分析等。

车辆管理。提供车辆基本信息、车辆档案、购置申请、购置审批、车辆调剂、车辆拍卖、车辆报废信息管理。实现车辆信息的增删改查和车辆状态的修改。

司机管理。提供司机基本信息和司机档案信息管理。实现司机信息的增删改查和司机状态的修改。

车辆调度。包括用车申请和用车调度两部分内容,支持以列表展示详细信息。用车申请支持创建用车订单,支持按司机姓名、申请类型和订单状态搜索用车申请信息,对订单状态为结束的支持查看车辆的历史轨迹,对订单状态为执行中的支持结束申请;支持对车辆信息的查询和车辆调度。

实时定位。依据所选择的车辆,对选择的一辆或多辆公务车的实时位置进行跟踪,并以动画效果绘制实时轨迹。

轨迹回放。包括轨迹回放和轨迹常规分析。轨迹回放功能和实时定位功能类似,能将指定时间段中指定车辆的行车轨迹在地图上绘制出来;轨迹常规分析包括指定时间段内车辆的行车时长、行车里程、平均/最高速度、轨迹节点明细等。

预警管理。包括预警规则设置、规则分配和超速管理。预警规则包括超速驾驶规则、电子围栏规则和疲劳驾驶规则,支持规则的新增、修改、删除和分配。支持以图表的形式展示超速驾驶、疲劳驾驶和电子围栏违章统计分析结果。

费用管理。提供车辆的保养费用、加油费用、维修费用、司勤费用、其他费用的管理,支持以列表的形式展示费用信息,支持添加、查看、修改、删除和搜索操作。

报表分析。包括违章分析、油耗分析、里程分析、费用分析等。

9.5.2 社会服务

1. 智慧农业大数据一体化管理平台

中央一号文件以《关于加快推进农业科技创新持续增强农产品供给保障能力的若干意见》为主题,标志着我国农业正从传统农业进入现代化农业快速发展的新阶段。但是,目前我国在农业管理、农业生产、农业物流和农业市场方面仍面临着如下问题:①抵御自然灾害的能力脆弱,贫困地区部分地为中低产田,甚至是"望天田";②没有信息化手段,疫病防控、农畜产品质量、种子农药无法监管;③灾害报警要靠人工,缺乏自动监测告警的技术手段,无法及时准确发布预警信息;④农业专家无法及时掌握气象变化和灾害情况,无法为农户提供精准的种植建议和答疑解惑；⑤农技人员的经验与知识不能集中共享，利用程度低。

而现阶段即使建成的农业大数据管理平台也只是停留在环境数据采集与展示、半自动与自动控制的层次上，满足不了整个园区的生产、加工、销售及售后服务商的全面需求。为此，本项目将结合市场需求与现代化的技术，通过智能硬件、物联网、大数据等技术，建设智慧农业大数据一体化管理平台，构建全程智能化的高效监测控制管理体系，实现科学指导生态轮作，保证作业的高产、优质、生态、安全，建立线上运营和追溯系统，从而提高用户经济效益和品牌效益。

本系统主要建设内容包括以下几个方面。

智慧生产系统。帮助企业建立一个规范、准确、及时的生产数据库，提高管理效率，掌握及时、准确、全面的生产动态，有效控制生产过程。包括订单管理与经验数据管理、生产计划管理和生产流程执行管理等。

智慧管理系统。包括种植计划管理、种植过程管理、种植基地管理和种植专家管理等。

智慧种植系统。包括园区环境监测、设施环境监测、设施环境参数控制、环境控制方法、报警机制管理、肥水管理等。

智慧养殖系统。包括畜禽棚舍监控管理、养殖场档案管理、动物标识管理、畜禽管理、畜禽动态存栏管理、投入品使用管理、畜禽诊疗管理、无害化处理监管、畜禽防疫管理和畜禽出栏交易管理等。

产品追溯系统。实现对农产品生产、加工、包装、运输、仓储、批发、零售等的全过程质量安全追溯管理与查询功能。主要包括畜产品食品安全追溯系统和蔬果及加工制品质量安全过程监管与追溯。

电商平台系统。为园区搭建电子商务平台系统，力求通过互联网为消费者提供一个新型的农产品购物环境。系统提供农产品搜索引擎、农产品搜索与展示、开心农场网上租赁。消费者通过网络在网上购买生鲜产品、在网上支付。这种模式使得中间通路逐渐消失，仓库、卖场虚拟化，节约成本的同时也为直接了解客户反馈需求提供了平台，逐步打破原有的农产品流通秩序。

休闲农庄系统。在传统营销模式及经营模式的基础上，将园区打造成休闲、旅游、吃住一体化的现代化农业大数据管理平台休闲园区，建设园区休闲农业系统，主要包括开心农场、果蔬、畜牧、产业园认领等现代化休闲农业模式。

综合管理平台。建设领导驾驶舱，满足生产监控、动态分析、预测预警和决策支持需求，实现农业大数据一体化管理平台的全面可视化、快速响应、数字化调度的全方位决策支持。

综合信息门户。通过服务门户了解农场的环境、特色、服务等信息，无需亲临现场就可通过远程监控视频看到农场的实时风景与农作物种植情况。将农场目前所拥有的优势和先进技术在本地或者互联网上尽可能完美地展现出来。

综合服务系统。提供农场园区建设规划服务、园区营销服务、项目申报服务、专家咨询服务。其中，建设规划服务包括种植规划服务（如植保培训服务）和养殖规划服务（如动保培训服务）；园区营销服务包括市场营销服务（如网上开店、电商经营）、宣传推广服务、市场动态资讯服务。

2. 安全生产监督管理平台

现阶段××市处于经济高速发展时期，招商引资力度加大，各项建设不断推进，安全生产面临复杂的形势，各种事故不断发生，但安全监管人员不足，手段落后，仍然依靠监管执法人员亲临一线，通过"望闻切脉"等传统手段排查安全隐患，远远不能适应当前形势的需要。为了有效地解决安全生产领域中危险因素底数不清、重大危险源得不到有效监控、安全隐患不能及时整改等问题，通过信息化建设，建设安全生产监督管理平台，建立安全生产重大危险源普查、登记、建档和监测监控，建立重大隐患定期排查治理的信息化机制，分析预测安全生产形势和重大事故风险，发布预警信息等信息体系，从而有效解决执法力量不足、工作效率不高、执法工作存在缺乏针对性、容易产生死角和盲区等问题。

本系统主要建设内容包括以下几个方面。

重大危险源监管：结合全市化工园区及相关企业的地理坐标，通过××市电子地图直观展示各重大危险源的地理位置及分布情况，为应急决策提供参考；对全市化工园区内各企业重大危险源监管区域的视频信息，危险化学品储存罐区的压力、温度和液位等参数进行实时采集和展示；当危险化学品储存罐区的压力、温度和液位等参数的监测值达到企业设定的警戒值时进行预警提醒。

应急救援信息支持：企业在日常应急演练的过程中，积累和完善企业应急预案，并及时上传至预案档案库，以便遇到紧急状况时进行查阅；国家安全生产监督管理总局（简称安监总局）通过组织专家结合本市的实际情况编制相应政府应急预案，并及时上传至预案档案库，以便遇到紧急状况时进行查阅；建立危化专家库，完善专家档案信息，方便监管人员在日常监管过程中可以及时咨询专家库相应专家。

一企一档：对各监管企业建立基础档案信息库，包含企业基本信息、安全生产许可证信息、危化品经营许可证信息、主要负责人信息、安全管理人员信息、特种作业人员信息、危险岗位从业人员信息、应急救援预案信息、重大危险源备案信息等。

数据资源及工具：主要建立危化品名录、危化品应急处理档案，为监管人员提供危化品资料库，以方便查阅。

烟花爆竹管理：建设烟花爆竹流向登记系统，实现对烟花爆竹批发企业的产品进货、售销登记，进而掌握烟花爆竹企业仓库库存，确保烟花爆竹批发企业进销渠道合法。同时，接入烟花爆竹企业和烟花爆竹批发企业仓库的视频监控，便于安全监管人员即时巡查或定时调阅库存视频。通过产品进销登记和视频巡查，尽可能减少烟花爆竹库存的超标超限现象，从而减少安全生产事故。

安全管理：作为前端数据采集端口，一方面企业指定管理人员录入企业基础档案信息库，另一方面通过与监管企业内部的数据传输和存储设备进行对接，对前端视频信息，危险化学品储存罐区的压力、温度和液位等参数进行实时采集，并将现场采集的数据和预警信息同步回馈和展示给企业。

隐患排查：作为前端数据采集端口，企业安全管理人员将日常巡查过程中发现的问题，一方面以排查部位图和隐患部位图的形式上传至系统，另一方面以文字的形式对隐患排查信息进行记录。

业务申报：企业通过网络申报的形式对企业信息及涉及的危险化学品进行网络申报或备案。

安全咨询：将系统内建立的危化品名录、危化品应急处理档案等共享给监管企业，方便企业在危化品资料库中进行相关资料查阅；将系统内建立的危化专家库信息共享给企业，方便企业在日常安全管理过程中能够便捷地咨询相关专家人员。

日常巡查（手机APP）：作为前端数据采集端口，一方面企业安全管理人员在巡查过程中实时记录相关巡查信息，另一方面企业安全管理人员按照要求完成日常巡查的定点考勤。

日常巡查考勤管理：对企业所有重大危险源区域设定考勤点，通过查阅企业日常巡查人员的考勤记录，判断企业安全人员是否定期到重大危险源现场进行了安全检查，以防止日常巡检的形式主义。

3. 智慧停车

将无线通信技术、移动终端技术、GPS定位技术、GIS技术等综合应用于城市停车位的采集、管理、查询、预订与导航服务，实现停车位资源的实时更新、查询、预订与导航服务一体化，实现停车位资源利用率的最大化、停车场利润的最大化和车主停车服务的最优化。智慧停车的"智慧"体现在"智能找车位＋自动缴停车费"。服务于车主的日常停车、错时停车、车位租赁、汽车后市场服务、反向寻车、停车位导航。

本系统主要建设内容包括以下几个方面。

电子收费。保证停车收费透明、流向明确，不仅防止停车乱收费，缓解城市交通拥堵、规范停车秩序。通过"地磁或视频桩技术识别车辆身份，所谓的停车费电子支付，就是通过车辆身份识别转换到支付账户进行直接扣款。"主流的停车电子支付方式，一是扫码支付，二是ETC支付。扫码支付的车主绑定微信、支付宝或智慧停车平台等支付账号，如果开通了免密支付，当地磁或视频桩识别车辆身份后开始计费，停车结束后，车主无需掏出手机进行支付即可自动扣款结账，无感离开停车场。ETC是一种用于公路、大桥和隧道的不停车电子收费系统。车辆与ETC卡绑定，当ETC探头识别车辆后，ETC卡可直接支付停车费。

智能找车位。让车主更方便地找到车位，包含线下、线上两方面的智慧化。线上智慧化体现为车主用手机APP、微信、支付宝，获取指定地点的停车场、车位空余信息、收费标准、是否可预订、是否有充电桩、共享等服务，并实现预先支付、线上结账功能。线下智慧化体现为让停车人更好地停入车位：一是快速通行，避免过去停车场靠人管、收费不透明、进出停车场耗时较多的问题；二是提供特殊停车位，比如宽大车型停车位、新手司机停车位、充电桩停车位等多样化、个性化的消费升级服务；三是同样空间内停入更多的车，如立体停车库可以扩充单位空间的停车数量，共享停车能分时段解决车辆停放问题。

4. 景区导航

通过科学的信息组织和呈现形式让游客方便快捷地获取旅游信息，帮助游客更好地安排旅游计划并形成旅游决策。景区旅游导航APP是一种采用物联网、云计算、下一代通信网络、高性能信息处理、智能数据挖掘等技术在旅游体验、产业发展、行政管理等方面的应用，使旅游物理资源和信息资源得到高度系统化整合和深度开发激活，并服务于公众、政府、企业等面向未来的全新的旅游形态。它以融合的通信与信息技术为基础，以一体化的行业信息管理为保障，以激励产业创新、促进产业结构升级为特色。

本系统主要建设内容包括以下几个方面。

1）客户端基础功能

基本信息。此功能主要向用户介绍景点的基本旅游信息，便于旅客了解。以图片、文字、音频、视频、360°全景结合的方式编排内容向游客展示景区内的遗址、游览信息及消费信息。

线路导航。在查询的文本框中输入需要查询的景点名称，然后点击"查询"按钮即可搜索出对应的景点并在地图上绘制一个标记而且定位到该景点，且规划景点到所在地的合理路线。同时推出热门线路推荐导航模式和自助攻略模式。

景点介绍。针对景区内每个景点，在地图上点击相应的标记，同样弹出该景点对应的文字介绍框，右上角有4个按钮，分别是"播放音频""播放视频""全景浏览""关闭"，通过点击它们可以实现各自的功能。同时可以通过微信扫描每个景点专属的二维码，进入微信小程序界面，也可以实现上述操作。

人员定位、打卡。点击地图界面"我的位置"可快速定位游客当前所处位置，并可打卡上传当前位置。

人流分布。通过游客使用景区导航APP，系统可以获取游客的定位信息，分析并显示每个景点人流量数据，提示该项目预估的等待时长。

游客量数据分析。分析进入该景区的游客数量，并可以在此基础上进行相关统计分析。

游客偏好分析。通过后台分析可以显示游客喜欢的景点排名列表。

一键求助。游客主动求助，景区工作人员根据位置信息快速找到求助者，实施救助。

个人中心。实现游客登录、用户注册、用户收藏等功能。

2）管理端基础功能

用户权限管理。对游客注册信息的审核；对不同管理人员实现不同操作权限的设定和管理。

访问流量监控。监测实时用户访问量，预警提示等。

景区数据维护。后台管理员对景区的基础数据信息进行维护更新或者修改等操作。

信息发布审查。支持对移动手机终端软件公告内容推送，方便景区的日常管理、信息通告、突发事件紧急广播等。

信息接入维护。平台提供大量与景区现有系统交互的数据接口，方便现有系统的接入。该平台具有极强的可扩展性，首先，可以对目前景区已建的软、硬件系统进行完美的融合，对现有的硬件设备通过升级改造进行再使用，保护前期投资。其次，对于最新的物联网等技术的发展可以进行无缝的融合。

其他系统设置。后期根据业务需求增加其他系统设置。

5. 智慧社区

智慧社区系统是一种利用各种智能技术和方式,整合社区现有服务资源,为社区居民提供多种便捷服务的系统。它通过物联网、云计算等高新技术,实现社区的智能化管理,旨在提高服务水平、增强管理能力,满足居民的生存和发展需求。

智慧社区系统的核心目标是提供智慧政务、智慧民生、智慧家庭和智慧小区等服务,以提高办事效率、改善人民生活、打造智能生活和提升社区品质。例如,智慧社区系统可以集成智慧社区小程序、社区治理、公共服务、物业服务和生活服务等功能,实现居民购物、家政等生活服务以及医保、社保、就业等政务服务,提升基层治理现代化水平。

此外,智慧社区系统在数据安全方面也采用了量子安全加密技术,确保家庭信息、人脸信息、监控视频等公民个人隐私数据的安全,防止在数据存储和传输中的泄漏。

智能安防:智慧社区的安防系统通过高清视频监控、智能门禁、人脸识别等技术,实现24h全天候的安全监控。智能门禁系统可以通过人脸识别技术,确保只有授权人员才能进入社区,大大提高了社区的安全性。

智能交通:智慧社区通过引入先进的交通管理技术,实现智能信号灯控制和智能停车管理等功能,优化交通流量,提升道路通行能力。

智能医疗:智慧社区的智能医疗系统为居民提供便捷、高效的健康管理服务。居民可以通过智能医疗设备随时监测健康数据,如血压、血糖等。系统还能与医院信息系统实现数据共享,提供远程问诊、用药提醒等功能。

智能家居:通过物联网技术,智能家居系统实现家居设备的互联互通,居民可以通过手机 APP 远程控制家电,如调节空调温度、控制灯光等,提升生活的便捷性。

智能环境管理:通过各类传感器设备和智能控制系统,实现对社区内设施设备的智能监控和管理。例如,智能照明系统根据光线强度自动调节亮度,提升社区的整体管理效率。

智能教育:利用先进科技手段,智慧社区提供更个性化、高效的学习体验。学生可以通过虚拟现实技术参与互动式学习,老师可以根据学生的学习情况实时调整教学内容。

智慧物业管理:智慧物业管理系统通过报修系统、信息发布平台、在线缴费等功能,提升社区管理效率和服务水平。居民可以通过手机 APP 提交报修申请、查看维修进度、缴纳物业费等。

社区服务:智慧社区服务平台整合各种便民服务,如快递代收、家政服务、医疗咨询等。居民可以通过平台预约服务,享受便捷的生活。

上述功能共同构建了一个安全、高效、便捷的智慧社区环境,可提升居民的生活质量和社区管理效率。

9.5.3 行业应用

1. 瓶装燃气信息监督管理平台

在瓶装燃气的销售管理工作中,针对瓶装燃气的自有产权充装、送气工持证配送、用户实名制购气登记所产生的信息获取方式应做到实时、准确、快速,通过二维码管理、视频实时监控等手段,避免因手工登记、延时传输等因素造成大量信息缺失。特别是行业主管部门,应实时掌握各煤气公司及其下属的供应站点的经营销售情况,针对非自有产权充装、无证经营、非实名销售等违法行为进行快速处理,规范市场运行环境,实现煤气行业的稳定有序发展。

本系统建设功能包括以下几个方面。

钢瓶自有产权化。在日常经营过程中,须及时登记录入未完成气瓶使用登记的钢瓶,对持有气瓶使用登记证,将加盖气瓶自编钢印号的钢瓶录入瓶装燃气监督管理平台。对自有产权的钢瓶进行销售流通,实时监控和反映非自有产权钢瓶的充装和流通行为。

钢瓶粘贴二维码。对自有产权的钢瓶,各所属公司开展二维码绑定工作,通过二维码可以开展自有产权充装、销售、查询等工作。

用户购气实名制。在××市开展瓶装燃气实名制销售工作,用户须持有效证件进行登记购气,积极开展反恐工作的同时,建立健全全市购气用户的基础信息档案,为瓶装燃气的实名制流转打下扎实基础。

配送全程定位。对持证上岗的送气车辆进行统一颜色、统一负载。通过加装 GPS 定位设备,实现送气车辆位置实时掌控、历史行车轨迹可追溯。有效防止跨区域经营情况的发生。

气瓶流转有记录。针对送气过程中的"满瓶到户"和"空瓶回收",通过送气工人完成二维码扫描记录,将气瓶从出厂到使用到报废的轨迹逐条记录,为规范市场、责任追溯、行业分析等提供重要的依据。

场区作业有监控。在充装储备站的值班室、大门、卸液台、灌区、烃泵房、充装台、压缩机房等主要部位应配备高清、变焦的防爆摄像头,对液化气的卸液、充装、出站等安全生产过程进行实时监控,并且历史记录存储不少于 90 天;在销售门店的最高点、营业室应配备高清摄像头,并且历史记录存储不少于 30 天;在销售门店的瓶库外应安装人形入侵抓拍摄像头,在非营业时间应开启人形入侵报警。

2. 化工园区安全生产一体化管理平台

自 2019 年以来,全国多地相继爆发重大安全生产事故,这些事故用残酷的现实给政府和企业的管理者们敲响了警钟。在此背景下,各省与各级地方政府高度重视,纷纷出台指导性政策和文件,要求各级地方政府、各业务负责部门、各类工业园区、各类工矿企业必须全面彻底排查隐患、狠抓问题隐患整治、实施动态排查整治,并对各类园区、企业提出将安全责任落实到位、安全投入落实到位、安全培训落实到位、安全管理落实到位、应急救援落实到位、安全生产能力评估落实到位的安全监管新要求。

在新形势下,园区和企业面对安全生产的新问题、新挑战,要求管理者必须具备新思路、提出新答卷。而无论从当前安全生产工作的现实需求,还是从安全生产科学长远发展的角度来看,运用高新技术和信息化手段都是解决改善安全生产管理中的沉疴痼疾的最优选择,也是有效提升安全生产管理水平的最短路径。

本系统主要建设内容包括以下几个方面。

园区全息场景展示。平台在采集园区的空间地理信息数据成果的基础上,实现了覆盖整个园区环境的二维、三维全息场景可视化展示。系统不仅支持二维、三维地图切换,地图缩放、地图漫游、图上测量、地图标注、图层选择展示等基本操作，还可以在图上对管理对象的属性信息、当前状态、运行情况进行点击查看。帮助用户对园区当前各类生产要素的安全运作态势情况有更加全面、直观、形象的理解和掌握。

二维、三维空间分析功能。基于三维地理信息，系统利用三维视图结合虚拟现实技术，将包括园区企业、园区街道、园区地标点、厂房设备、机动目标、管线设施等在内的园区全景进行完整、鲜活的呈现。同时，运用虚拟化三维分析的技术优势，系统支持用户在系统三维空间的场景地图中进行几何空间量测、缓冲区分析、路径分析、开挖分析、通视分析等多种空间分析。

园区企业室内地图。为了满足管理者对园区企业厂房室内精细化管理的要求，将运用 GIS 空间数据处理技术，通过 CAD 数据生成符合真实室内场景空间坐标和建筑结构的室内地图，并以此为基础进一步支持室内导航系统的构建，实现在地图上实时查看室内人员位置、点击查看人员信息、绘制人员历史轨迹、统计分析数据等主要功能。

室内外一体化定位。平台运用虚拟可视化技术打通了园区空间内的物理障碍阻隔，实现了人员在室内和室外的一体化定位，帮助管理者突破空间视觉盲区，极大提升了有效管理范围和管理能力。室外定位依托北斗地基增强系统帮助管理者获得了获取对人员及车辆更高精度位置信息的能力，可以及时准确掌握园区内的在岗人员、行驶车辆的实时位置和历史轨迹。当人员进出室内时，使用具备 RFID 功能的门禁卡进行扫描识别，系统会自动记录该人员位置状态的改变和进出室内的时间。室内定位主要依靠 Wi-Fi、低功耗蓝牙、地磁、超宽带、可见光通信等室内定位技术手段，在房屋室内的 CAD 结构图自动生成的室内路网的基础上，实现对室内目标的空间位置和运动轨迹的监控和记录。

安全风险分区专题图层。综合评估并辨识园区内企业风险，确定风险等级，制定管控措施，将企业不同生产单元按照风险等级制作生成"四色"图层，形成不同安全风险分区的可视化管理效果。

危险源实时监控预警。通过视频摄像头、物联网传感器、GPS 定位技术等多管齐下的方式，将危险源和危险源存在的场所实时监控起来，利用高精度摄像头可以清楚地查看现场情况，物联网传感器可以实时监控现场的烟尘、温度、湿度、有毒有害气体泄露的情况，GPS 定位可以监控物资和人员的位置移动，从而全方位地切实保障危险源及附近场所的安全性，有效减少可能发生危险的隐患。

应急响应。实现监控报警、报警可视化、报警即时发送等功能。当园区内某管理对象产生报警时，系统将自动产生报警信息文字提示，并可在图上对报警点进行定位。例如，当传感器监测到可燃有毒气体超过某个报警阈值时，系统将实时在地图上利用醒目的报警图标提示报警点位置和报警信息，同时，如果用户在后台绑定了相应的手机号或微信，系统将通过移动网络，以短信或微信消息的形式自动发送报警信息并提醒用户及时响应。

位置轨迹分析。通过对某一对象在某一时间段内的历史位置数据进行自动处理和分析计算，系统可以在展示界面上绘制出该对象在特定时间段内的历史运动轨迹。管理人员可以通过追根溯源对象的历史运动轨迹，查看该对象是否存在擅自离岗、非法闯入安全禁区等问题。

用户及权限管理。通过用户权限管理功能模块可以实现个性化的权限设置。根据用户角色权限的不同，实现差异化的服务、数据、平台功能使用的权限能力。

9.6 平台运行环境建设

9.6.1 服务端

1. 硬件环境

关于数据库服务器,建议配置多台云主机(至少4台物理机)和物理存储,存储可根据实际需求进行扩展。标准硬件环境配置见表9-6和表9-7。

表9-6 物理存储资源配置(独立物理存储)

序号	名称	详细要求	备注
1	CPU	16核心以上	
2	内存	256G以上	无

表9-7 虚拟计算硬件资源配置

序号	名称	详细要求	备注
1	存储	24T以上(根据实际需求扩展)	

关于应用服务器,建议配置多台虚拟主机(20台),标准硬件环境配置见表9-8。

表9-8 虚拟硬件资源配置

序号	名称	详细要求	备注
1	CPU	16核CPU以上	
2	内存	16G以上	
3	存储	1T以上(根据实际需求扩展)	

云设施服务系统运行的最小硬件环境要求见表9-9。

表9-9 系统运行的最小硬件云环境

序号	类型	数量	参数要求	备注
1	管理节点	2	2CPU(8核)、64GB内存(可以支持1000+VMs)、2个千兆网络接口、1T硬盘	
2	计算节点	2	2CPU(64核)、256GB内存、2个千兆网络接口、RAID1阵列500GB用作系统磁盘	计算节点组成计算资源池,可支持市面上常见的虚拟化管理程序(KVM/xenserver/VmWare等)

续表 9-9

序号	类型	数量	参数要求	备注
3	物理存储节点	1	1 路 CPU、32GB 内存、RAID1 阵列 500GB 用作系统磁盘、2 个千兆网络接口、24TB 硬盘	可用商业存储代替
4	分布式存储节点	1	2 路 E5 系列 CPU、64G 内存、4T*8 7.2K sata 硬盘	分布式存储节点组成存储资源池，支持分布式存储系统（CEPH/HDFS/GlusterFS/swift/Cinder 等）

2. 软件环境

1）开发环境

开发环境配置见表 9-10。

表 9-10 服务端软件环境配置

序号	软件种类	软件名称
1	操作系统	Centos7.0
2		用户使用：WIN10、WIN8、WIN7 服务器使用：Windows server 2012 和 centeos 7
3	虚拟化软件	Docker 1.12.6 Kubernetes 1.5.2
4	数据库服务端	ORACLE 11G R2(64 位)
5		MongoDB 2.6 (64 位)
6		MYSQL 5.5 以上版本
7		PostGIS 2.5
8	网络服务发布组件	IIS 7.0 或以上版本 Tomcat 7.0 或以上版本
9	基础支撑组件	.Net 4.0 JDK 8.0 或以上版本
10	GIS 支撑组件	ArcGIS Destop 10.2.2 及以上版本 ArcGIS Server 10.2.2 及以上版本

2)运行环境

运行环境配置见表9-11。

表9-11 服务端软件环境配置

序号	软件种类	软件名称
1	操作系统	Liunx 红帽6.0、Centos7
2		Windows server 2012
3	虚拟化管理程序	KVM
4		Docker
5		Kubernetes
6		VMware
7		XenServer 6.2版本
8	数据库服务端	ORACLE 11G R2(64位)
9		MongoDB 2.6(64位)
10		MYSQL 5.6以上版本
11		PostgreSQL9.4
12		PostGIS 2.5
13	网络服务发布组件	IIS 7.0或以上版本 Tomcat 7.0或以上版本 JDK7.0 Apache2.4
14	基础支撑组件	.Net 4.0 JDK 8.0或以上版本
15	GIS支撑组件	ArcGIS Destop 10.2.2及以上版本 ArcGIS Server 10.2.2及以上版本 GeoServer2.6

3)测试环境

测试环境配置见表 9-12。

表 9-12 服务端软件环境配置

序号	软件种类	软件名称
1	操作系统	Centos7.0
2		Windows server 2012
3	数据库服务端	ORACLE 11G R2(64 位)
4		MongoDB 2.6（64 位）
5		MYSQL 5.5 以上版本
6		PostGIS 2.5
7	虚拟化软件	Docker 1.12.6 Kubernetes 1.5.2
8	网络服务发布组件	IIS 7.0 或以上版本 Tomcat 7.0 或以上版本
9	基础支撑组件	.Net 4.0 JDK 8.0 或以上版本
10	GIS 支撑组件	ArcGIS Destop 10.2.2 ArcGIS Server 10.2.2

3. 网络环境

平台基础环境物理建构如图 9-36 所示。

根据数据的保密要求，平台时空数据管理与服务软件网络设计将涉密网、政务外网和公众网集成设计，满足不同形式的时空信息数据的运行要求，网络架构设计如图 9-37 所示。

政务外网和公众网设计需要建立一个广域网，以数据处理为中心，建立全局系统的数据中心和应用中心，行业应用单位和分数据处理中心可以是区域分布的并且延伸到各个数据存储及数据生产单位。网内到桌面带宽和数据浏览量均有一定要求。

9 案例实践——××市智慧城市时空大数据平台

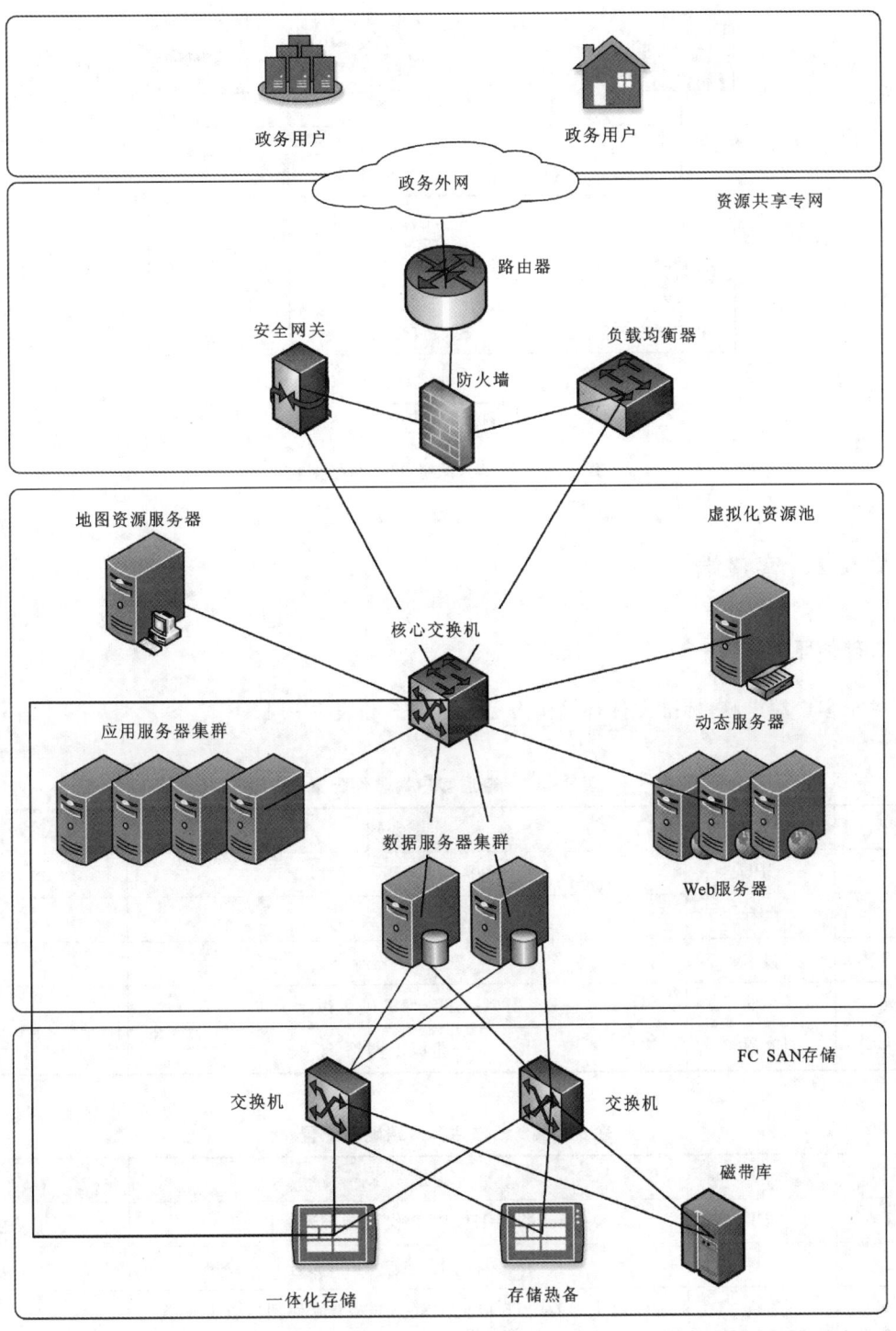

图 9-36 平台基础云环境物理架构图

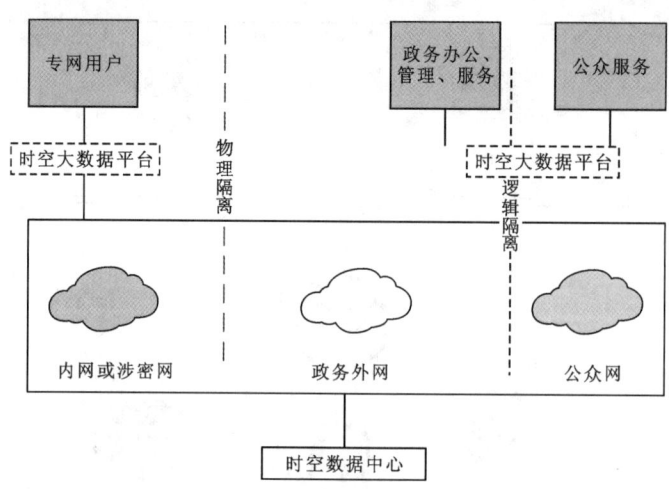

图 9-37 时空信息云服务平台网络架构设计

9.6.2 客户端

1. 硬件环境

关于客户端电脑,标准硬件环境配置见表 9-13 和表 9-14。

表 9-13 普通客户端硬件配置

序号	名称	详细要求	备注
1	CPU	Intel 酷睿 I5CPU 8 代以上	
2	内存	8G 及以上	
3	显卡	2G 以上显存	
4	存储	256G SSD+1T 硬盘以上	
5	网络	千兆以上网络	

表 9-14 工作站客户端硬件配置

序号	名称	详细要求	备注
1	CPU	Intel 酷睿 I7CPU 9 代或者 E5 v3 以上	
2	内存	32G 及以上,主频 2666 以上	
3	显卡	8G 以上显存,256 以上位宽,3000 个流处理器以上配置	
4	存储	256G SSD+2T 硬盘以上	
5	网络	千兆以上网络	

2. 软件环境

1）开发环境

开发环境配置见表9-15。

表9-15 客户端标准软件配置

序号	软件种类	软件名称	备注
1	操作系统	Windows XP Professional、Windows 7 或以上版本	无
2	浏览器	IE10.0 以上（64 位）、火狐、Chrome Flash Player 18 或以上版本 三维可视化组件	无
3	第三方软件	ArcGIS Destop 10.2.2 ArcGIS Server 10.2.2 Oracle 11g r2 client（32 位） MongoDB C# Driver .Net 4.0 JDK 7.0	无

2）运行环境

运行环境配置见表9-16。

表9-16 客户端标准软件配置

序号	软件种类	软件名称	备注
1	操作系统	Windows XP Professional、Windows 7 或以上版本	无
2	BS浏览器要求	IE10.0 以上（64 位）、火狐、Chrome Flash Player 18 或以上版本 三维可视化组件	无
3	CS系统要求	ArcGIS Destop 10.2.2 ArcGIS Server 10.2.2 Oracle 11g r2 client（32 位） MongoDB C# Driver .Net 4.0 JDK 8.0	无
4	移动端	安卓 iOS	5.0 9.0

3)测试环境

测试环境配置见表9-17。

表9-17 客户端标准软件配置

序号	软件种类	软件名称	备注
1	操作系统	Windows XP Professional、Windows 7 或以上版本	无
2	BS 浏览器要求	IE10.0 以上(64 位)、火狐、Chrome Flash Player 18 或以上版本 三维可视化组件	无
3	CS 系统要求	ArcGIS Destop 10.2.2 ArcGIS Server 10.2.2 Oracle 11g r2 client(32 位) MongoDB C# Driver .Net 4.0 JDK 8.0	无
4	移动端	安卓 iOS	5.0 9.0

3. 网络环境

(1)物理主机之间通过万兆光纤交换机进行网络互联。

(2)虚拟服务器之间通过虚拟千兆网络进行通信。

(3)政务网、内网和互联网之间进行三网隔离,其中内网和政务网,以及互联网进行网络物理隔离,政务网和互联网之间可以进行物理隔离,也可以进行逻辑隔离。

(4)网关配置网络防护墙。

10 系统风险及效益分析

10.1 风险分析

10.1.1 风险识别与分析

1）政策风险

政策风险在一定程度上是政府部门和企业自身无法避免的：一方面是由于相关的政策法规不够完善和健全，无法及时跟进信息化技术的发展速度，从而制约了项目建设的开展和实施；另一方面相关政策的调整也会对现有项目参照的政策依据产生影响。所以基于这种风险制定政策的有关部门，在项目前期应通过多种渠道充分了解相关的政策法规，同时了解相关政策的调整趋势，做好风险评估并给出指导性意见，尽可能降低此类风险。

2）资金风险

在本项目建设期间，由于项目涉及的模块复杂、品目繁多，可能导致针对系统模块的资金预算和实际花费不一致的情况，造成资金的浪费或资金不能到位的情况。不必要的浪费造成项目资金的实际使用率降低，资金的不到位则直接影响到项目的进展。针对此类风险，应该在项目实施之前，对项目组成的系统模块、平台建设进行详细的资金测算，考虑各种可能的因素，最大限度地符合实际的花费，这样就减少了资金风险对项目进展的影响。

3）技术风险

技术风险主要包括安全风险、信息化行业技术高速发展所带来的风险、现有先进技术的使用无相关标准支撑的风险和需求变更带来的其他技术需求的风险等。

安全风险主要指的是内部信息泄漏、外部信息窃取和信息存储的风险。针对此类风险，可以加强内部管理，建立网络防火墙，进行数据加密和数据备份，最大限度地减少风险出现的可能性和增强抵抗风险的能力。

由信息化行业技术高速发展所带来的风险，如原来采用的设备不能满足新的应用要求，原来采用的应用系统软件无法与新的技术形成无缝链接等，在某种程度上很难预测，难以规避此风险。因此，技术部门在技术实施过程中，应该具有前瞻性，以最大限度地降低此风险。

现有先进技术的使用无相关标准支撑的风险，主要是由于技术革新与标准制定并不是同步进行的，这就要求在项目前期对技术和标准进行评估。

4)管理及运营风险

需求变更带来的其他技术需求的风险,主要是由于后期项目需求变更涉及的技术,并不在项目建设前期的技术评估中,这就要求在前期的项目需求评估时尽可能全面,避免大的需求变更导致的技术变更。项目建设风险主要是指在项目实施(项目招投标、合同签订、项目设计、施工等阶段)过程中,由经验不足、施工条件差或者其他不可抗拒因素等导致项目施工进度、项目质量受到影响。例如招投标的延迟导致施工时间的推迟;项目设计不够完善缜密,导致后期的项目变更;供应商的设备质量不合格或供应不及时;自然灾害影响项目工期等。需要充分考虑自然环境风险和项目实施过程中各种风险发生的可能性。

项目相关方,包括项目承建者和项目建设方,在项目建设过程中都需要尽可能地避免各种风险的产生。这就要求项目承建方人员的组织有效性,项目时间、资源的计划确定性和可控性,以及项目推进的力度都满足项目需求。项目建设需要各个委办局也密切配合,协调不到位就很有可能导致项目延期甚至失败。项目进度的计划和项目预算是否具有确定性直接影响项目的可控程度。

运营风险主要是指在项目运营过程中由于人才缺乏、管理经验不足、与合作方之间协作困难等,当工程施工过程出现与管理人才自身技术专业能力不相适应的工程技术问题,各专业间又存在不能及时协调的困难时,项目问题就无法得到很好的解决从而影响项目实施进展。

10.1.2 风险对策与管理

在对风险有效的识别技术和详细的分析结果的基础上,对本项目建设过程中的风险制定以下行之有效的应对策略和管理方法。

对项目的承建方要通过严格的招标程序来进行,并对承建方的集成资质、软件的能力成熟度提出高的要求;建立参与项目建设全过程的领导小组,对项目进行密切的跟踪和监督;同时领导小组应做好宣传、组织与协调工作,让参与建设的机关和企事业单位深切地认识到时空大数据建设及相关子系统建设的必要性,并在建设、运营等方面取得各方的支持;建立企业合作伙伴,对项目进行管理和咨询。

注重技术及管理人员的人力资源的管理和开发,注重对人员进行培训和再教育;加强与国家信息中心的沟通,提高自身信息化水平;通过专业的咨询、科研机构协助进行大数据建设规划,聘请各方专家进行咨询与交流,对所采取的关键技术进行全面客观的论证,以将技术风险控制在最小范围。

树立统一的安全等级保护理念,从物理安全、网络安全、系统安全、应用安全和数据安全5个层面,全面落实安全保密措施。建立统一的安全基础服务支持平台,为全网用户提供便捷、高效、集约的安全保障服务。建立统一的安全监管平台,为全网用户的公共安全提供检测、监控、分析、评估服务,同时对政务信息网用户行为实施安全保密监督、检查。建立职责明确、运转高效的安全保密管理体系,完善安全保密管理长效机制。建立安全意识与协调机制。对相关人员进行安全意识教育和业务培训,建立沟通协调和通报机制,确保不同部门和人员之间能配合协调,防止安全攻击蔓延至整个平台。

10.2 效益分析

10.2.1 经济效益分析

(1)降低各级部门与商业机构的管理与服务成本。通过时空大数据平台建设,实现市民服务信息共享,提升协同工作能力,促进有效合理地分配资源,提高市民服务的效率和效能,降低行政、商业与生活成本。

(2)带动城市服务运营与服务外包产业。通过时空大数据平台建设,将实现以市民为核心的全方位服务资源整合,形成一个以信息化为主要手段,多层次、规范化服务外包模式,增加城市服务的专业深度和力度,促进新型服务机制和服务外包模式的建立,从而带动城市服务体系的运营和外包产业。

(3)充分整合资源,减少政府在信息化建设上的重复投资。通过时空大数据平台建设,将不断整合服务资源和服务手段,最大限度地利用现有各级部门和单位的建设成果,新建的平台则是立足于面向公共服务或向专业服务接口的延伸,在信息化建设的基础上,可最大限度地减少信息化建设投资。

10.2.2 社会效益分析

(1)改善民生综合服务水平,提升市民生活服务质量。通过时空大数据平台建设,将不断丰富服务渠道,整合服务资源,改造或者完善信息化协调工作流程,形成以市民为核心的政府服务体系、企业与商业服务体系和自我关怀与体验服务体系。

(2)提高政府部门间的业务协同能力,提升政府服务质量。通过时空大数据平台建设,各级部门围绕以市民服务为中心,实现互联互通、信息共享和部门间业务协同;使部门工作各环节,如行政审批、商业服务、社会关怀等各项工作实现有效衔接,提高工作效能;同时为实现与多部门联合服务打下基础,提高服务效率,从而能够更好地履行工作职责,改进服务质量,加快向服务型政府的转变。

(3)增强市民城市幸福体验,树立现代城市新形象。通过时空大数据平台建设,建立以市民为中心,融合市民在城市生活中的政务、沟通和关怀等各类服务,为市民提供便捷的服务,极大提高市民对于城市的认同和归属感,从而改善市民对智慧城市的认知,极大提升市民对于智慧城市生活的新体验,从而加快人与城市的融合。通过项目建设,将促进政府部门政务公开化、行政服务化、管理透明化、决策民主化,增强各级管理部门的公信力;能有效提升现代城市形象,为其他城市的发展树立新的形象,不断增强其辐射力和影响力。

主要参考文献

曹先,张恒,高旭,等,2020.基于区块链的智慧城市时空大数据平台相关研究[J].规划师,36(24):46-51.

曹莹莹,2015.以信息智能处理技术为引导的智慧社区的构建[J].计算机技术与发展(1):207-211.

陈军,刘建军,田海波,2022.实景三维中国建设的基本定位与技术路径[J].武汉大学学报(信息科学版),47(10):1568-1575.

范攀峰,李露露,2017.基于Smart3D的低空无人机倾斜摄影实景三维建模研究[J].测绘通报(S2):5.

冯茂平,杨正银,张秦罡,2017.基于小型多镜头航摄仪的无人机倾斜摄影技术在实景三维建模中的应用[J].测绘通报(S1):3.

宫艳雪,武智霞,郑树泉,等,2014.面向智慧社区的物联网架构研究[J].计算机工程与设计,35(1):6.

黄健,王继,2016.多视角影像自动化实景三维建模的生产与应用[J].测绘通报(4):4.

李云,刘专,彭能舜,等,2018.倾斜摄影三维模型的大场景地形融合研究[J].测绘科学,43(7):6.

廖菊燕,杨绍兴,2024.面向柳州市时空信息云平台的地名地址全生命周期更新运营管理建设实践[J].测绘通报(S1):230-236.

刘宜灼,黄鸿,2022.平潭时空大数据云平台开发与建设[J].地理空间信息,20(4):6.

吕娅,2023.基于时空大数据平台的BIM应用技术研究[D].郑州:河南大学.

马昭辉,张璐,2022.地理编码技术在智慧六盘水时空大数据云平台中的应用[J].长春工程学院学报(自然科学版),23(3):64-67.

戚文来,韩娟,2020.智慧城市时空大数据平台下自然资源档案管理系统的升级与改造[J].测绘通报(11):4.

乔天荣,马培果,许连峰,等,2021.智慧城市时空大数据云平台发展策略的探讨[J].地理空间信息,19(12):5.

宋炜炜,2015.基于时空信息云平台的空间大数据管理和高性能计算研究[D].昆明:昆明理工大学.

宋宇婷,冉丹,2019.智慧社区物业管理平台的设计与实现[J].计算机技术与发展,29(12):5.

田野,向宇,高峰,等,2013.利用Pictometry倾斜摄影技术进行全自动快速三维实景城市生产——以常州市三维实景城市生产为例[J].测绘通报(2):5.

王超,王娇颖,许开銮,等,2023.一种BIM模型与实景三维模型融合方法研究[J].测绘科学,48(10):159-168.

王家耀,2022.人工智能赋能时空大数据平台[J].无线电工程,52(1):8.

王勇,郝晓燕,李颖,2018.基于倾斜摄影的三维模型单体化方法研究[J].计算机工程与应用,54(3):6.

尹向军,黄国平,孟军,等,2024.一种地理实体构建及应用方法[J].测绘科学,49(3):168-173.

张军,高洁纯,2023."智慧南昌"时空大数据与云平台建设研究[J].经纬天地(6):74-77.

周晓敏,孟晓林,张雪萍,等,2016.倾斜摄影测量的城市真三维模型构建方法[J].测绘科学,41(9):5.